黃世輝／吳瑞楓著

Display & Exhibit Design

展示設計

三民書局

國家圖書館出版品預行編目資料

展示設計／黃世輝.吳瑞楓著.－－初版八刷.－－
臺北市: 三民, 2014
面； 公分

ISBN 978-957-14-1937-4 (平裝)

1.廣告－設計 2.商品設計

497.2 81004619

© 展示設計

著作人	黃世輝 吳瑞楓
發行人	劉振強
著作財產權人	三民書局股份有限公司
發行所	三民書局股份有限公司 地址 臺北市復興北路386號 電話 (02)25006600 郵撥帳號 0009998-5
門市部	(復北店) 臺北市復興北路386號 (重南店) 臺北市重慶南路一段61號
出版日期	初版一刷 1992年9月 初版八刷 2014年3月
編號	S 492140

行政院新聞局登記證局版臺業字第〇二〇〇號

ISBN 978-957-14-1937-4 (平裝)
http://www.sanmin.com.tw 三民網路書店

序　言

設計（design）與工程（engineering）不同處之一是設計有很大一部份牽涉到如何塑造造形與讀取造形的問題。從視覺傳達的觀點來看設計，則無論平面設計、商業設計、廣告設計、產品設計、建築設計、室內設計、環境設計等，都必須面對如何經由造形（含時、空間）傳達意念的自我質疑，換句話說，所有的設計領域都在某個觀點上是一種展示，是一種訊息的傳達。

有趣的是，在實際的展示中，從標誌、櫥窗、商店、展示中心、商展、主題公園、博物館到萬國博覽會，甚至廟會、慶典與祭祀等，展示設計正是前述所有設計的綜合體，而展示所使用的媒體種類之多包括圖文、模型、實物、可動裝置、影片、電腦……等等則爲所有設計之冠。

展示一般以公眾爲訴求目標，勉強算得上是大眾媒體，但是與電視、報紙等傳播媒體直接深入家庭之中的便利情形相比，展示需要由參觀者自動前來的被動態勢使展示設計益形困難。展示效果的好壞直接影響參觀人數，如果到門可羅雀的地步則展示設計者情何以堪。事實上在電視等強力媒體的競爭下仍然有相當多成功的展示企劃，將人們由電視機前拉往另一個場所。迪斯耐樂園固不用說，台中的國立自然科學博物館在假日一樣人潮洶湧。

我們稱展示業爲「集客產業」，因爲展示的目的是首先吸引客人集合過來，然後再細訴其商業或非商業的資訊內容。這些展示或成爲都市、街道中的景緻，或成爲購物、休閒與充實自我的場地，都將密切地在我們的生活中逐漸多樣而豐富地開展，對於展示設計這個跨幅寬廣、縱橫深遠却又曼妙無比的領域，實在值得設計人努力嘗試，更值得學者專家深入研究。本書大部份是在既有的知識上做整理的功夫，當然也摻雜了筆者的見解，尚請諸位先進與讀者們指教。

全書分爲 9 章，1～5 章屬展示基礎篇，6～9 章屬展示應用篇。爲了顧及全書架構之清晰，各章的份量並不均一，第三章與第五章內容最多，由吳瑞楓執筆，其餘各章則由黃世輝負責。基礎篇中基本上不是針對某特定展示（例如商店或博物館），而是概談所有展示，實際上這是有困難的，其一、展示領域大小差別甚大，其二、商業性展示與非商業性展示在傳遞資訊的內容本質上有很大的差異。但我們儘量從傳訊與認知的觀點來整理，解說展示規劃與設計的構成要素及相關理論。

應用篇中將展示分出銷售、宣傳、娛樂、教育文化等四類空間，並舉出商店、櫥窗、展示中心、展覽會、遊樂園、博物館、博覽會等 7 個領域，分別敘述其功能、設計與規劃程序及展示特色等。但是將指標等公共標誌以及廟會等民俗展示暫時省略，因爲前者可視爲其它展示領域的構成要素之一，而後者的展示往往具有繁複的象徵意義，有待更深入的研究。

基礎篇與應用篇可以對照著看，以免基礎篇過於抽象而不易掌握重點，每章之後的討論問題讀者不一定能在書中找到解答，用意乃在提起討論的話題或初步研究的方向。擁有自己獨特的想法，同時經過反覆思辨的做法，在設計教育上應該是被鼓勵的。

黃世輝
吳瑞楓 1992.7.

展示設計

展示是什麼

展示的基本理論

展示的規劃

展示設計的作業

展示設計之構成要素

銷售空間的展示

宣傳空間的展示

娛樂空間的展示設計

教育與文化空間的展示

第一章　展示是什麼

1-1 人類的內在慾望

根據馬斯洛（Masrow）的說法，人類的需求有五層次之別，即生存、安全、社會認同、尊嚴、自我實現等。而從展示的觀點來看人類，在每個需求的階層中，人都有自發的或自然顯現的「溝通方式」。

在原始的生存與安全需求下，人類也像動植物一樣有求偶表現（Courtship Display）及威赫表現（Threat Display）。人類學家發現許多部族有黥面、紋身等行爲，這些行爲的起源即在於吸引異性以繁衍種族，或誇示自己以警示對方，說起來這和孔雀開屏、黃鶯婉囀、蜜蜂的費洛蒙舞以及花朵的盛開都一樣，在本質上是一種展示。而展示實際上是一種溝通的手段與行爲，其背後往往存在著另一個目的。

和其他生物比較起來，人類社會顯然更爲複雜，使用展示的目的、方法、場所也更多樣而富於變化。豪門夜宴是一種展示，鄉野廟會也是；菜市場、超級市場及大商展則是在精緻程度上不同的銷售展示。在日益複雜化的過程中，展示不再只突顯生存、繁衍、安全等基本需求，更設法彰顯人的社會歸屬、尊嚴與自我實現。

1-2 人類的美感意識

西元前一萬多年，在現今法國南部的拉斯考山洞中，舊石器時代人類在洞壁上畫了野牛、鹿、馬等。在中國，新石器時代的陶器上有些畫有人面、魚、鳥，有些有三角紋、網紋。在蘭嶼，雅美族人仍製作著填滿三角紋、圓紋的漁船。無論古今，裝飾依然是人類生活裡經常存在的東西，人依然喜歡創造並享用美的事物。然而這些乍看之下只是漂亮裝飾而無具體內涵的東西，對當時的人而言却可能代表著更

1

2

1

即使是原始人類

也有裝飾的需求

2

孔雀開屏與人之鯨面

紋身一樣在本質上是一種展示

3

鄉野廟會中
有許多具象徵意義的展示

4

商展（圖爲1991東京車展）與菜市場
只是精緻程度不同

4

5

6

5
—
拉斯考山洞中之壁畫

6
—
雅美族人的漁船充滿了紋飾

多的意義，甚至超越我們現今想像的。去掉現實目的性，裝飾是藝術的起源，而保留其原始目的，裝飾却是展示的起源。

把內在情緒、慾望、心靈的蓋子打開，顯示給人看乃是「展示」的本意。但是隨著對現實狀況的判斷，真正展示的，往往是經過選擇、加強或減弱原來本質的結果。女性的化粧、男性的服飾往往刻意展示較佳的一邊；戰陣的擺開、軍容壯盛却未必和軍力絕對有關。然而「形象」却是處世溝通的重要手法，所以我們看見凱旋門，以及羅浮宮裡的玻璃金字塔，也看見企業形象塑造公司的活躍，以及集客產業——展示業的興盛。而形式與本質的差異則留待觀眾的慧眼做價值判斷。

7

7

羅浮宮內的玻璃金字塔

顯示法國總統的政績

8

8
西武百貨公司「LOFT」店的外牆
展示與企業形象不可分

1-3 展示之語源與語意

在中文上與展示相近的詞以展爲開頭的有展開、展現、展覽、展布、展露等，以示爲尾的更多，如誇示、顯示、明示、暗示、提示、開示、演示、揭示、指示、啓示、訓示、告示等。「展」的主要意義是張開，示的主要意義是告人，展示的本意即是將原來封閉的張開來告訴人。

在英文上相當於展示之意的詞有 display、exhibit、show 等，show 是一般常說「展示給人看」之意，display 則用於商品、感情、才華等的清楚陳示，exhibit 則指積極地公開告示，引人注意。三者的語感略有不同，但中文慣用的展示一詞則包含了三者的內涵。

就 display 的語源而言，它是來自拉丁語的動詞 displicare 及名詞 displico，爲 plicare 與 plico 的相反詞，原意是「將彎折之物攤開」，與 unfold、spread out 爲同義詞。

• 展示的定義

日文版的《圖說展示用語事典》中解釋「display」之意爲：「並列、攤開、陳列、展示、展覽等事。以人類視覺爲主，訴諸五種感覺（視覺、聽覺、嗅覺、味覺、觸覺），以臨場體驗而傳達資訊爲特色。新聞與海報等印刷媒體的傳達要素是文字、標識等記號，插畫、照片等影像及印墨色彩等。而展示的傳達要素是包括模型、樣品的實物及照片、幻燈片、影片等各種影像，利用文字、聲音的語言及音響，還有香味、假人、動物和真人等十分多樣，而且必需在空間中做綜合的表現。」

從這個解釋中可以列整出展示的要素實包括了資訊、媒體、空間、表現等要素，而展示設計即是將這些要素做巧妙組合的行爲。從

9

9

展示的要素包括了資訊

媒體、空間、表現等

圖爲東京香煙與鹽博物館的展示

這個解釋也可看出，無論商業展示如櫥窗設計或非商業展示如博物館展示設計，都已經由狹義的陳列與裝飾的概念中掙脫，而重視資訊傳達效果與整體環境設計。換句話説，爲了達到有效溝通所做的有計畫演出才是展示業界所說的展示。

從溝通設計（communication design）或視覺傳達或記號學（semiotics）的觀點來看展示，則人世間的一切都在某種意義解讀上是一種展示。從個人裝扮，選用的產品與汽車，到企業識別，以至於國家形象，個人與社會間隨時隨地都在進行著編織資訊（編碼 encoding）的展示設計工作與解讀資訊（解碼 decoding）的認知工作。而實際上通稱的展示行業，其工作範疇雖與公關公司有所區隔，却有「由櫥窗到萬國博覽會」之説，範圍之廣概可想像。

因此對展示的定義不免因觀點之異略有不同，以下是諸多定義中的幾個：

「展示是以資訊傳達、促銷、教育啓蒙等為目的，在一定期間及特定空間裡將所欲傳遞的內容表演給參觀者的一種傳達方法或現象」

「展示是將主題在空間中演出的綜合技術」

「展示是形成人與物之間傳達功能的手段」

「展示是以內容傳達與訴求等機能為主要目的的手段與現象」

各種定義雖然略有不同，但其實都暗示了以下的基本概念：

1. 資訊傳達是展示的主要機能，而利用展示這種機能的目的則各自有異。
2. 展示是一種綜合性的技術，可能使用各種媒體、展示裝置、電腦及環境造形，適足以反映當代之科技及社會意識。
3. 展示的表現型態沒有一定的型式。
4. 展示所可傳達的資訊內容遍及政經文化等一切人類個人與社會活動的範圍。
5. 展示在特定的時空下進行，空間有大小、固定式、移動式，時間有長短、有永久性、有臨時性。
6. 展示需要顯示目標客層未知的事物或重新詮釋已知的事物，使人有所發現。

1-4 展示的目的

10

展示是綜合技術，可能使用各種媒體
圖爲加拿大安大略科學中心

11

展示是一種詮釋
圖爲安大略科學中心的展示
如果依人體神經分布的多寡來看
人是長成這樣的

展示的主要機能是傳達資訊，但傳達資訊的目的究竟是爲了什麼，則有林林總總的不同。動物的求偶表現是爲了生命的繁衍，威赫表現是爲了生存與安全，駕駛名車是爲了得到尊敬或喜愛，節慶廟會的展示是爲了鼓舞歡慶的情緒及共同歸屬感，博物館的展示是爲了促使觀眾感動或理解新知，商店的展示是爲了促進購買……等等，展示的目的實不一而足。

維拉帝（Giles Velarde）在《設計展示》（*Designing Exhibit*）書中則認爲展示的目的有以下 7 項：

1. 銷售（to sell）：不是指物品本身的銷售，而是推銷某種抽象觀念，將物品顯露出來讓顧客可以仔細觀賞甚至把玩，如此才能說服買主大量購買。
2. 說服（to persuade）：說服大眾或參觀者，例如說服他們應該選擇某個政黨，或者說服大家援助非洲難民。
3. 揭露（to expose）：將珍貴或傑出藝術品展露給大眾觀看。
4. 展現（to parade）：將禮物或收獲展現給人看。
5. 告知（to inform）：說明新產品或新觀念使大眾能跟上社會、政治、經濟的發展，解釋科學技術的新觀點與舊觀點，告知公眾其權利與律令規章。
6. 娛樂（to delight）：以有系統有主題的方式開發有趣的展示，帶給大眾娛樂，或給大眾看到稀有、特別的東西。
7. 啓發（to enlighten）：透過知識的獲取使大眾更具智慧。

森崇則依人對知識、物品、心靈等三種不同的慾求而劃分展示的目的與機能（當目的達到時正代表展示的機能發揮了）爲教育、娛樂、節慶、裝飾、銷售、告知等 6 項。

1-5 展示的分類

在展示手法與技術不斷創新，以及展示設計者的巧思創造下，要將展示清楚的分類並不是容易的事，同時因切入角度及觀點的不同，必然有不同的分類結果，但是理解各種不同的分類仍有助於對展示的認識。

首先，從目的來分類的話，展示有以下幾類：（請參考 3-2

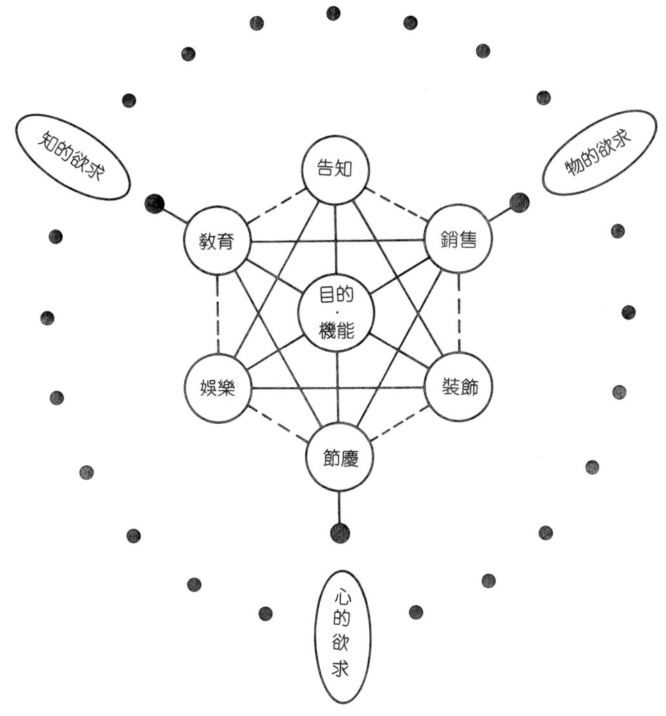

12

12

櫥窗是以促銷爲目的的展示

圖爲奧地利格拉茲的櫥窗

13

13

世貿中心臺灣產品設計月的展覽會係以展現、告知、啓發等爲目的

節）

1. 以銷售爲目的的展示：例如百貨公司、購物中心、量販店、超級市場、便利商店、雜貨店、專賣店等的商店展示、商品展示及櫥窗展示。

14

14.15

超級市場與專賣店的展示係以銷售爲目的

15

2. 以宣傳爲目的的展示：例如展示中心、展覽會、商展、博覽會等。

16

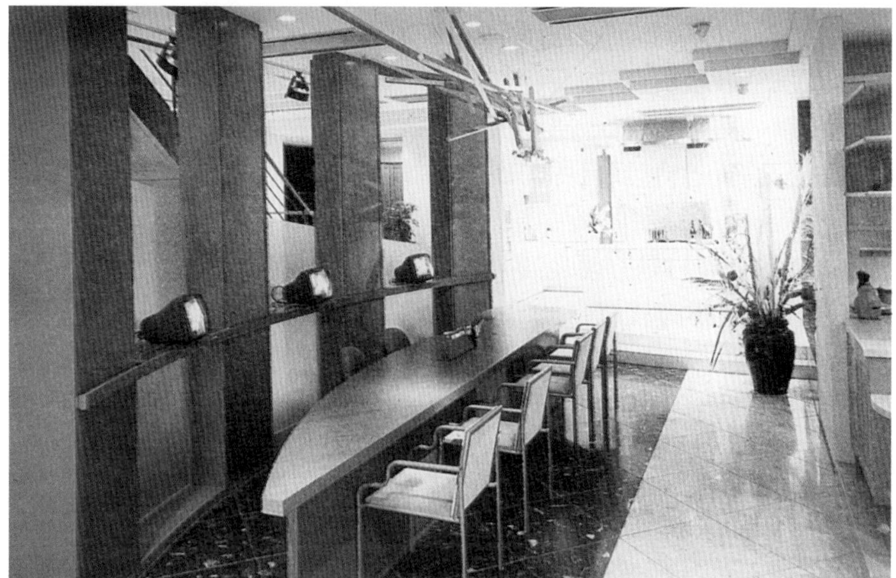

17

16.17

展示中心、展覽會係以宣傳爲目的的展示

圖爲NOVANO的大阪展示中心及東京車展

3. 以娛樂爲目的的展示：例如遊樂園、休閒山莊、渡假村、水上世界等。
4. 以文化及教育爲目的的展示：例如美術館、博物館、資料館、水族館、科學中心、動物園、植物園、圖書館、博覽會等。
5. 以民俗表現爲目的的展示（具有地域與民俗之特質）：例如中元普渡、廟會、建醮、國慶等。
6. 以公共資訊傳達爲目的的展示：例如道路指標、地圖指示、電話亭等。

這樣的分類只是方便之計，其實彼此多有重疊之處，例如企業博物館便兼具宣傳與教育目的，博覽會則宣傳、娛樂與教育的目的都有。博物館對一般人而言也同時具有教育與娛樂休閒的功用。

再由場所來分的話，可以分成：

1. 室內展示：在室內封閉空間中的展示。
2. 戶外展示：在室外開放空間中的展示。
3. 巡迴特展：巡廻各地展出之展示。

18

20.21

博物館及博覽會係以文化及教育爲目的的展示

圖爲慕尼黑博物館之展示及

1989 年橫濱博覽會之東京電力館

19

20

18.19

遊樂園是以娛樂爲主要目的的展示

圖爲美國佛州廸斯耐樂園的海洋館及

屏東山地門的山地文化園區

21

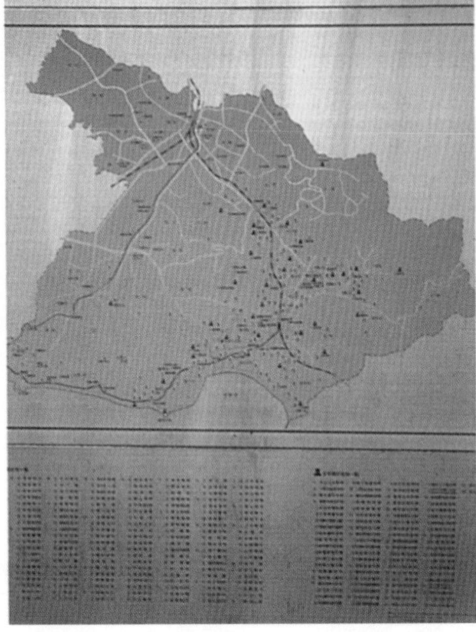

22

23

22.23

地圖、指標等是具有公共資訊傳達功能的展示

24

24

1985年筑波博覽會之户外展示（吳淑華攝）

25

26

25

1991年東京國立科學博物館
臨時特展「量測世界」的海報

27

26.27

臺中自然科學博物館及
日本千葉動物園的靜態展示

28

29

28.29

紐約IBM館及日本八王子
兒童館的可動展示（聲音試驗）

30

30

東京瓦斯館的影片展示
參觀者的回答可立即統計顯示於銀幕上
代表展示已朝複合媒體的方向發展

由展出期間來分則有：

1. 長期展示：或稱永久展示，是至少維持 3～5 年的展示。
2. 臨時展示：一年或半年以內便拆除的展示。

由展示型態來分則有：

1. 靜態展示：展品沒有任何動態，只能純觀賞的展示。
2. 動態展示：展品有動作變化的展示。

其中動態展示又可分爲動畫影片式、活動模型式、問答式、活人表演式、實驗裝置式及環境模擬式等。但這樣分類同樣也是便宜之計，當真人與影片同時演出時，又碰上歸類的問題。

討論問題

1. Courtship Display 與 Threat Display 各指什麼？
2. 依馬斯洛之理論人類的內在慾望可以分成那幾層？
3. 人類爲什麼從事「裝飾」的行爲？古人與今人在「化粧」行爲上有不同的意義嗎？
4. 展示的意義是什麼？
5. 依森崇的看法，展示具有那些目的與機能？
6. 那些展示具有促銷的作用？
7. 那些展示具有啓發的作用？
8. 那些展示具有娛樂的作用？
9. 那些展示使你有參加盛會的感覺？
10. 依維拉帝（Giles Velarde）的看法，展示有那些目的？
11. 如果以展出期間長短來區分長期展示與短期展示，有那些展示分別屬於長期展示與短期展示（或稱臨時特展）呢？（請翻閱第六～九章）

第二章　展示的基本理論

2-1 展示與傳播理論

英文的 communication 一詞在中文中包括傳播、通訊與溝通等意思在內。只要有發出訊息與接收訊息的兩方，分別進行了編製記號（術語稱「編碼」）與解讀記號（解碼）的行爲，那麼無論記號的編製者與解讀者是誰（甚至是機器），都構成了傳播訊息的一種。展示顯然便是訊息傳播的具體型式之一。

包括展示在內，不論是人對自己的傳訊（內向傳播）或人與人之間的傳訊（人際傳播）或大眾傳播，在傳訊過程中都包括發訊者、訊息、媒介、收訊者、效果等因素在內。傳播過程研究正是對這些因素及彼此作用過程的研究。

傳訊的過程簡單說便如下圖：

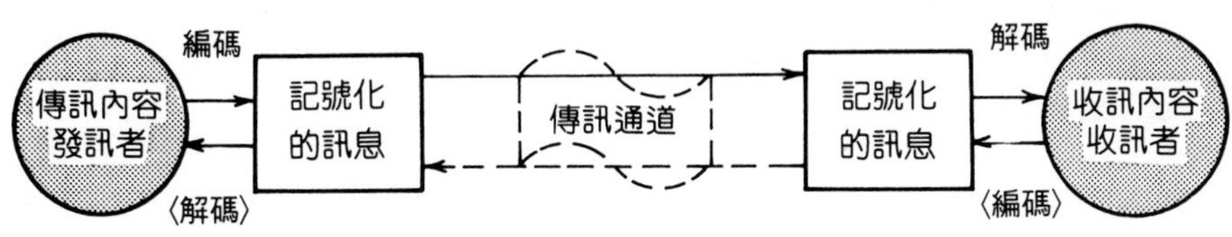

傳訊過程的模式

發訊者將所欲傳達的內容化爲某種記號的組合（例如口語、文字或圖案），經過傳訊通道（例如空氣振動與人的聽覺或光線反射與人的視覺）傳達到收訊者的地方。這個過程就好像經過輸送帶將一件物品由一方傳送到另一方去，不同的是，物品的傳送較少使物品受到損害，而當一個抽象而非實體可抓的「想法」（例如電的原理）或欲藉實體表達感覺（例如新車的意象）在傳送時，由發訊到收訊之間往往有許多的誤會，其中包括了以下幾種干擾：

1. 發訊者在編製記號時採用了不恰當的記號，好比說錯了話，指鹿爲馬或在展示中使用晦澀的比喻等。
2. 傳訊管道有干擾。好比電話線有雜音或展示指標設在樹叢中等。
3. 收訊者在解讀記號時認知出錯。好比會錯意，或將電腦誤認爲電視遊樂器等。

無論那一種展示都是傳訊的行爲，也就難免有上述的干擾與誤會，設計師需在各階段做審慎的評估，才能免於展示效果的失敗。除非在設計中做出原型（prototype）來測試，否則光由設計圖及腦中的想像，設計師並未能真正掌握觀眾與展示間將發生的故事。雖然對展示細部瞭解愈深愈能做出正確的推斷，但也極可能判斷錯誤。富蘭克林博物館的一個例子是原先設計十一條繩索懸在槓桿臂上，讓一位小朋友試看那一條繩子較能省力地舉起 50 磅重，結果被小孩子誤用，一堆人一起用力拉，所以看不出效果，於是再更改設計爲三條繩索。

1

2

1.2

富蘭克林博物館的槓桿原理展示

圖片分別爲修改前與修改後

前述傳訊過程的模式套用在展示上可以簡化如下圖，即將展示視爲由諸多展示記號所構成的文化產物，則人與展示的關係便如圖所示：包括了設計者與展示間編碼的關係，以及觀眾與展示間解碼的關係。換句話說，設計行爲便是一種編碼行爲，參觀行爲便是一種解碼行爲。

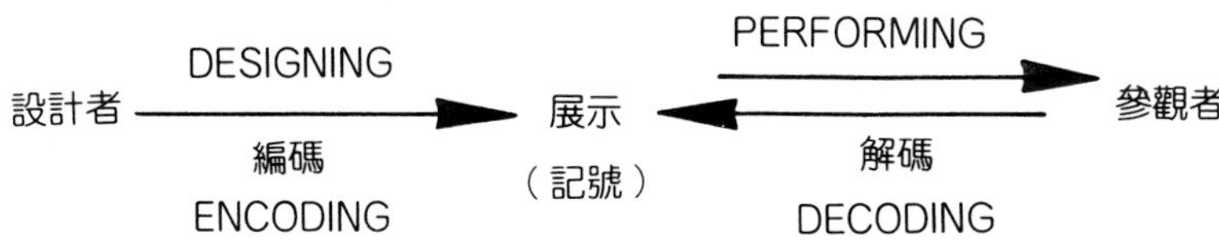

人與展示的介面關係圖

設計者依據展示目標，將抽象的內容轉化（即設計）爲可感知之展示客體，再由參觀者接收後在腦中進行記憶、思考、想像等心理認知作用，從而解讀（認識）該展示的過程乃是展示訊息傳達的過程，亦即是傳播理論由編碼到解碼的過程。

其中編碼的工作（即爲設計行爲），重點在於如何使用記號，巧妙地傳達展示訊息內容，與設計學密切相關。解碼的工作（即爲參觀行爲），重點在於如何解讀記號，理解與鑑賞展示所傳達的訊息內容，與認知科學密切相關。

對參觀者而言，他只接觸到展示，接觸不到設計者，所以完成後的展示便離開了設計者，獨立散發訊息供參觀者解讀。

2-2 展示與記號論

把展示比喻成語言並非難以接受的說法，因爲我們也常常聽到肢體語言、繪畫語言、建築語言等等名詞。「無聲的語言」顯然是矛盾却容易理解的。因爲我們知道這句話指的是不經過言傳而經過視覺的資訊傳達。事實上根據研究，在溝通之際肢體語言（外表、印象等）、心理語言（心理狀態）、社會語言（口語）分別佔 55%、30%與 7%，反而口語所傳達的訊息較少得多。

羅蘭．巴特（Roland Barthes）在他的《符號學要義》（*Elements*

of Semioloqy）一書中分析了語言和非語言系統：「繪畫、姿勢、音樂、聲響、物體和所有這些複雜的聯繫，它們構成了儀式的內容、約定的內容或公共娛樂的內容，這些如果不是構成語言的話，至少構成了詞義的系統。」巴特的意思是說，許多非語言系統其實具有傳達意義的作用。因此，綜合使用了語言與非語言如模型、影片、圖案、實際表演等的展示，便是一個複雜而具表義作用的記號系統。

將展示視爲記號的集合，更深入地看，集合中的每個記號都具有外在的形式與實質的內容或意含。例如，櫥窗展示中的衣飾與模特兒是看得見的外在形式，其實質意含則爲換季新裝，以及新裝的象徵意義。換句話說，只要是人的知覺可以感知到的，都可以視爲記號，而記號是載體（sign vehicle）與被文化編碼的意含（signification）的集合體。前者相當於記號的外在形式，後者相當於記號內容。而意含又有明示義（denotative meaning）與伴示義（connotative meaning）之別。舉例來說，以英文的「rose」和「love」來看。rose 的記號表徵以語言來看是 /roze/ 的音標所示的聲音，rose 的記號內容則是玫瑰（一種莖上有刺的花）。但是在文藝電影中無論是語聲的 rose 或實物的 rose，常常是用來代表「愛情」的。而 love 的記號表徵以語言來看是 /lKv/ 的音聲，love 的記號內容則爲「愛情」。如同下圖，玫瑰是 rose 的明示義，愛情是 rose 的伴示義，却是 love 的明示義。

因爲有伴示義，記號除了具原有的「字典意義」之外，又多了象徵意義。

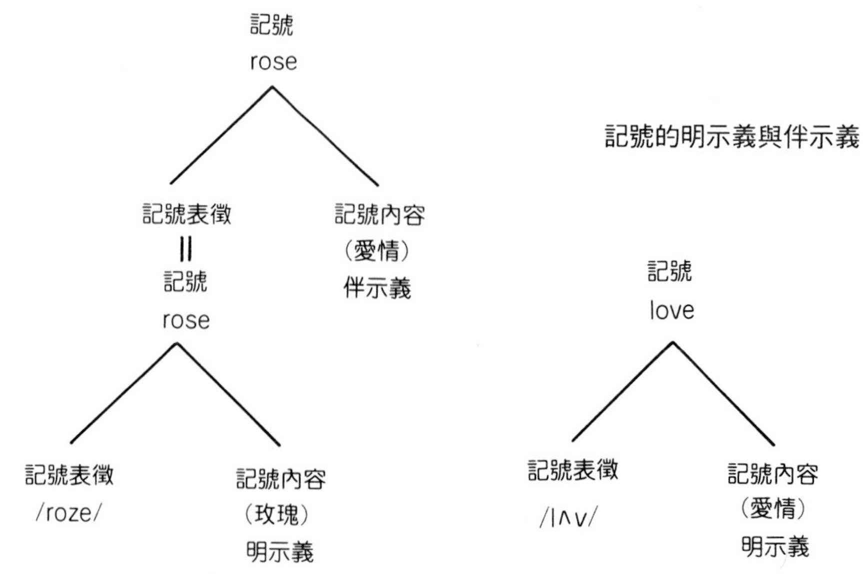

記號的明示義與伴示義

對展示而言，記號的象徵意義的使用必須很小心，以免「引喻失義」的情形產生。以臺北的資訊科學展示中心的兩個例子來看。第一個例子以 IC 板拼組成一個正面看去並無意義的雕塑，燈光自上打下便投影呈現出人腦的外形，這個小展示使用暗喻的手法，企圖告訴參觀者人腦與電腦在某個角度看來是類似的。第二個例子在長數公尺的長桌上兩端各置一個機器人模型，兩機器人之間是螺旋鐵線，線上有兩隻瓢蟲，這個大展示是用比喻的方式，企圖告訴參觀者傳訊過程中會有干擾或電腦資料傳輸中可能會有病毒侵入。兩個展示所介紹的概念都很簡潔，使用的呈現手法則較誇張。換句話說，述理的要素少而美學的要素多。以 IC 板雕塑來象徵電腦，以昆蟲模型來象徵病毒都是使用了原記號（即雕塑及昆蟲）的伴示義。如果參觀者執著在原記號的明示義，或者不容易連想到伴示義，則原先設定預備傳達的概念就不被理解了。

3

臺北資訊科學展示中心的展示
暗喻電腦接近人腦

4

臺北資訊科學展示中心的通訊展示
以瓢蟲比喻病毒或通訊干擾

3

4

因爲人是在已有的知識基礎上去瞭解新事物，找出新事物的秩序，納入自己的記憶中，因此比喻的手法很可以用來幫助理解，但比喻不當反而產生負面效果。前兩個例子如果只看展示單元中的一部分，例如 IC 板雕塑，則會誤以爲電腦是一堆 IC 板粘起來的莫名其妙的東西。唯有將整個單元上下前後的脈絡看過，我們才能在那情境中領會「電腦可以比喻爲人腦」的概念。而此時單元中所有零散的記號才確定其脈絡意義（或稱語境意義：contextual meaning），例如昆蟲才確定其脈絡意義是「病毒」。

2-3 展示與認知科學

• 展示記號的認知

做爲一個記號系統，展示散發著明示與暗示的意義，但對參觀者而言，問題是，他如何理解、認知那些「話」的意義。

現代認知科學的發展已使我們較以往清楚人的「認知」是怎麼回事。諾曼（D. A. Norman）建議認知科學的討論包括 12 項要點：信任系統、意識、心智發展、情緒、互動、語言、學習、記憶、知覺、表現、技巧和思想。可見「認知」是一種極複雜的心理歷程。簡單來說，認知歷程是由感覺而知覺而概念。詳細的歷程雖無定論，下圖所示則是認知過程的模式之一。

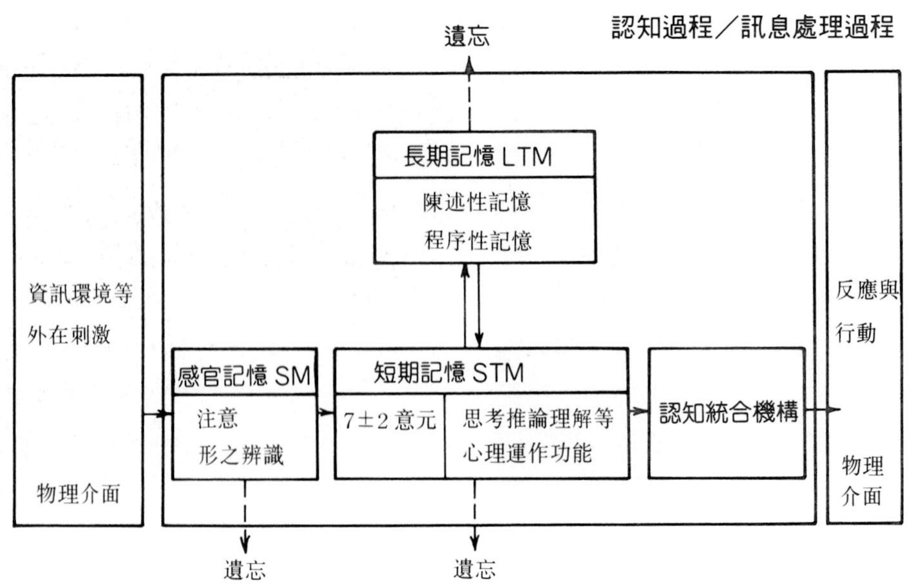

對於外界而來的刺激訊息是由人體的感覺器官所接收，但是感覺暫存之記憶一般只維持幾分之一秒，若不加以注意與辨識，感官記憶隨即消失。感官所收集之訊息經過注意、形之辨識、選擇及編碼等初步處理後傳送到短期記憶中，一方面暫時保存傳入之訊息（約7±2個意元，例如看一遍 TIBIHXE 後，一般人大約可以背出來，但若超過9個英字母就不容易背了，這時每個字母都算一個意元。然而若發現 TIBIHXE 正好是 EXHIBIT 的相反，則不需花7個意元來記住它。），另方面進行某種程度的思考、推論與理解等心理運作。短期記憶處理過的訊息可能隨即丟棄或逐漸遺忘，若有需要則複習後傳入長期記憶中，以供往後檢索。

在短期記憶中的心理運作極可能是認知過程的核心，對於語言文字的語意的認知即是這心理運作的結果（許多情形下需檢索長期記憶），對於展示記號的語意的認知也是一樣。但展示記號包括語文記號與非語文記號，對人而言，語文記號的形碼、聲碼與意碼是一同編入長期記憶系統中，因此在認知與檢索之際，從聲碼與形碼較容易確認意碼（即意義）；而非語文記號的形碼、聲碼與意碼並沒有一對一的對應關係，設計者的編碼方式未必能爲參觀者所理解，極易造成語意的模糊，產生展示語意認知的困擾。這也就是下節所述設計者的「概念模型」與參觀者對展示的心智模型不配合所致。

• 概念的形成與心智模型

心理學上認爲「概念」的形成（concept formation）主要是經過演繹的（deductive）歷程或歸納的（inductive）歷程或演繹與歸納的複合歷程而形成。在展示上爲了使參觀者在看過展示之後得到相關的「概念」，在敘述事理時便逃不開演繹與歸納。尤其是歸納法，是一種以實驗爲基礎的科學研究步驟，是形成正確概念的主要方法。利用水流顯示畢氏定理的展示，或富蘭克林博物館的槓桿展示，或大多數舊金山探索館的參與式展示，都是可以讓兒童從不斷體驗中歸納出概念的展示。

歸納與演繹在展示中轉化爲什麼型態並不一定，可以肯定的是所有參與的記號都在這個利用歸納或（和）演繹手法的述理過程中擔任主配角。其中往往部份記號（如標題文字）的存在使參觀者的思維受到一種心向（mental set）的行爲影響，這種影響其實就是在告訴參觀者：「這是一個有關什麼的展示」，使他更易於在各種文字、圖畫、影片、動作的暗示與明示中找出相連的概念。

• 概念模型

至於參觀者容不容易自展示的明示與暗示中理解展示所敘述的事理，除了參觀者自己的問題（學識的高低及有興趣與否）外，展示本身的設計的迹理方式是不是人們習慣的方式，也是一大問題。東京八王子兒童科學館有個太空體驗的展示，參觀者必需兩人以上一起操作，分坐兩室，一爲太空船，一爲太空站，但是多數人難以操縱其中機器使兩室連絡，以便合作逃避隕石的撞擊。因爲兩邊都太複雜而難以明瞭之故。同樣的情形發生許多日常生活中，例如操作錄放影機的預約功能，對多數人都是困難的事，因爲機器不是依照人的思考習慣來設計的結果。諾曼（D. A Norman）在《日常生活中的設計》一書中指出，每個人每天接觸的工具產品大約兩萬個，却有太多是不容易理解也不容易操作的。他提出如下圖的「概念模型」來說明設計者、使用者、產品三者的認知關係，強調設計者的概念模型若不與「產品意象」做整合性的考量，使用者在認知產品上將形成錯誤的「心智模型」，結果產生產品難以理解與操作的問題。

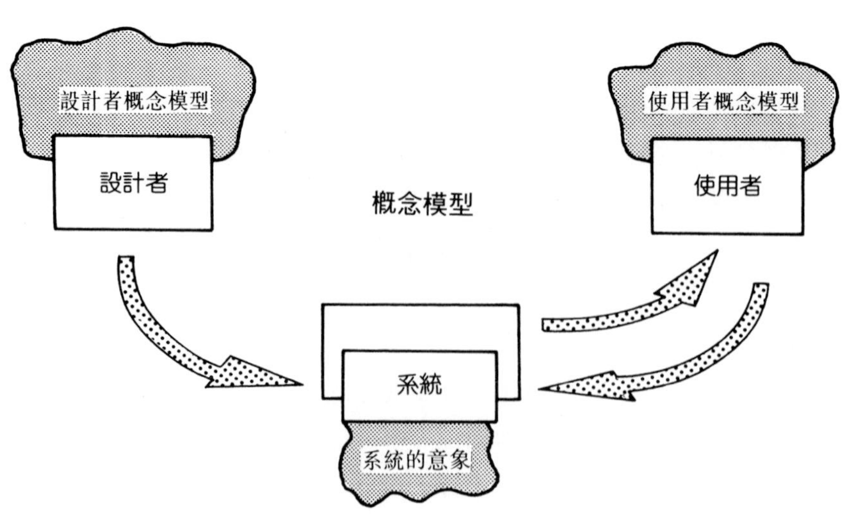

根據上圖進一步解釋。「心智模型」是人對自己、他人與環境所擁有的內心的模型，這個模型是經由經驗、訓練等而固著於心。

至於人如何形成心智模型？多數是針對產品的表現方式及眼睛可視的構造等進行解釋而得到心智模型。其中眼睛可視察的構造便是「產品的意象」（或系統的意象）。設計者雖然認爲自己的概念模型和使用者的心智模型不會差太多，但是兩者並未直接溝通，設計的結果——產品，依然不是使用者易於理解的意象。

• 從經驗學習修正

把圖中的系統換爲展示依然成立，前面舉過富蘭克林博物館中槓桿原理的例子即是。設計者事先並未想到參觀者的誤解。相同的例子還發生在自然科學博物館的「色彩的偏好」展示單元，因爲供選擇的按鈕排成一列，按鈕尺寸與間距都夠大，使我們看到許多小朋友同時去按各個按鈕，而失去統計參觀者對色彩偏好程度的作用。這兩個例子的錯誤一模一樣，設計者都錯估了參觀者的「心智模型」（參觀者對展示意象的解釋方式）。

5

5
—
臺中自然科學博物館的「色彩的偏好」展示

展示的效果如何，未經過測試或開放無法確定，在測試及開啓後展示的問題會漸顯現，包括構架系統與照明系統的安全性、損耗問題，以及媒體系統的傳訊效果問題等。像下圖這樣的回饋方式便是從經驗中學習修正的方法。

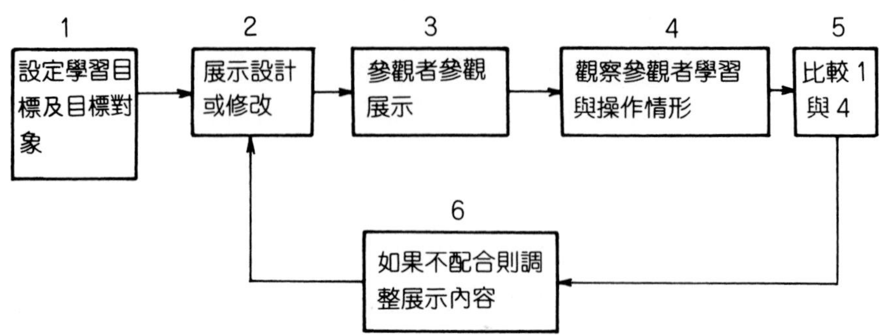

The basic developmental cycle for educational exhibits. From Screben(1976).
展示設計的回饋

2-4 展示與建築

雖然有許多展示存在於建築空間之外，但半數以上的展示則和人類一樣依賴建築的保護。但是對展示而言建築的意義並不僅止於一個可以容納展品的容器，它還具有以下的功能：

1. 建築本身也是一種展示：例如美國佛州的明日世界中再現了各國建築，很直接地將不同地區的建築做爲展示品，還有日本的明治村則可視爲建築博物館，另外美國麻省的老史德橋村保留了 19 世紀早期農村建築四十多座，也是一種歷史建築博物館。
2. 剖開的建築也是一種科技的演出：例如將電梯透明化，內部組件上色，使參觀者可以看見電梯運轉時各部件的運動情形；或者將建築牆面剖開露出內部構造等等。
3. 建築具有文化象徵性：例如加拿大文明博物館的建築令人聯想到冰河，符合了當地文化環境的特徵。
4. 建築具有指標作用：不同的建築語彙及組合方式使我們得以區分其內部空間的用途及內容，這一點從博覽會建築豐富的變化中很容易明白。

建築的設計必然考慮使用者真正使用時將面臨的問題，但是做爲展示場地的建築時，因爲各個展示情形的需求不同，展示計畫應早於建築計畫，使建築師能充分考慮展示的需求。

6

7

6.7

建築本身是一種展示
圖爲迪斯耐樂園明日世界之幻想館及
美國奧克蘭博物館

8.9

部份剖開或透明化的建築
既是造形也是科技展示
圖爲東京電力館及葛西臨海公園水族館

8

9

10

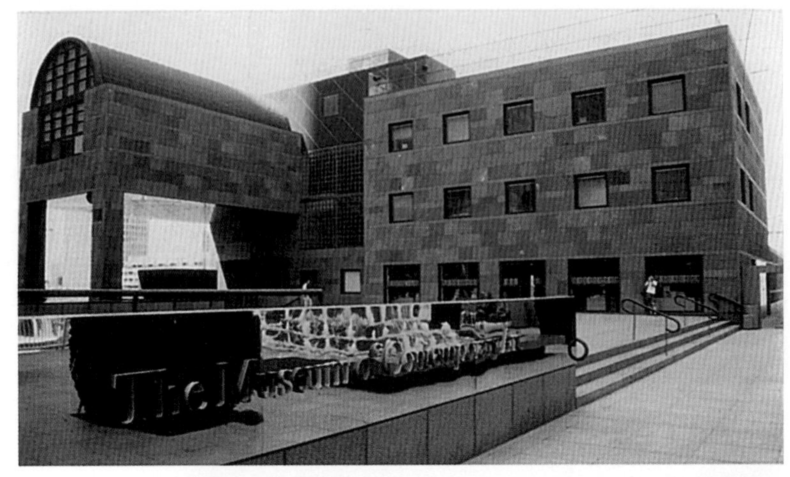

11

10

洛杉磯的MOCA美術館

11

建築具有指標作用

圖爲1988年日本奈良絲路博覽會

2-5 展示與媒體

• 展示的外在形式構成

展示的外在形式即是指視覺可見的展示的樣態，仔細區分展示的外在形式應該包括有構架系統、照明系統與媒體系統三大部份：

1. 構架系統：主要形成展示空間的形態，做爲媒體系統發揮作用的舞臺，大致包括天花板、地板、展示牆、展示櫃、展示臺、展示架、扶手、座椅等等（未必每一項都同時出現）。
2. 照明系統：供應展示空間可視的照明，並塑造氣氛及協助做重點強調。又分面照明、點照明、調光及閃滅等等。

12

12

構架系統包括天花板、地板、牆、展示臺等
圖爲1990年國際商展的松下電器館

13

13

照明是室內展示不可或缺的一項
圖爲臺中自然科學博物館的展示

3. 媒體系統：主要擔負傳達訊息的功能。

(1)解說文——包括在展示單元各位置的印刷文字及展示說明書等補充資料。

(2)圖畫——包括插圖、照片、圖表等，可能在裱板上或燈箱上或其他複合式的裱板中。

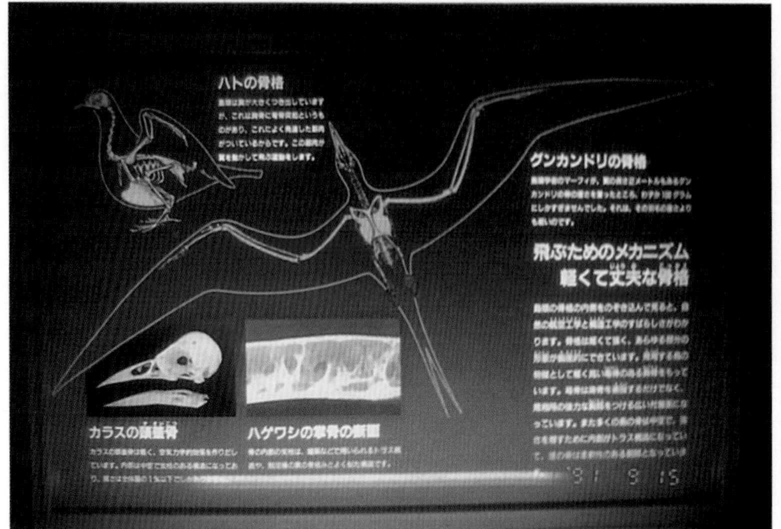

15

16

14

14
華盛頓航空太空館之解說文

15
日本千葉動物園之插圖及說明

16
地層的模型

⑶模型——包括靜態、動態模型、立體造景、復元模型等。
⑷實物——例如隕石、火車頭、飛機……等。
⑸視聽裝置——包括使用單機或多機的幻燈片放映，及使用影碟或影帶的錄放影媒體，甚至 Imax 或 Omnimax。

17

17
華盛頓自然史博物館的寶石展示

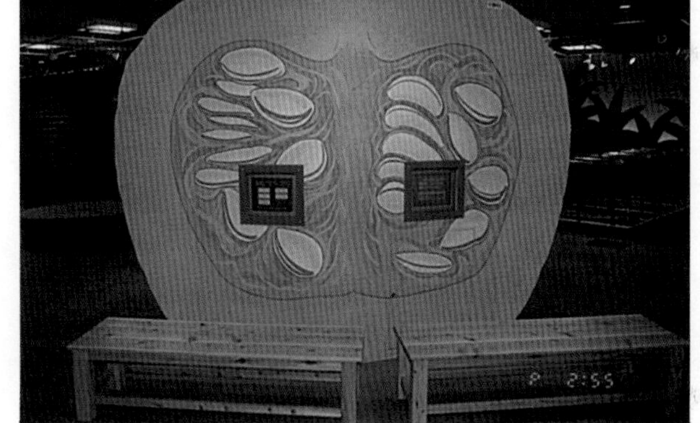

18

18
東京科學技術館的視聽展示

(6)體驗裝置——例如使用電機機械裝置，可使參觀者體驗風、熱、不平衡感等的展示裝置。

(7)互動裝置——例如會問答話的機械人裝置。

(8)實演裝置——以供主講人表演用爲主，參觀者必要時也可能加入的裝置。

(9)電腦裝置——包括在螢幕上的電腦教學或供畫電腦繪圖，或做爲更複雜裝置的一部份，例如電腦裝置放在機械人中，以供與觀眾溝通。

並不是所有展示都可以輕易地區分出上述三個系統，例如一個火焰實驗裝置可能與構架系統結合而難以區分，而某些錄放影機次系統或音響次系統可能隱藏在構架系統内，看得見影像，聽得見音響，但見不到裝置（一般觀眾也可能不在意其位置）。

19

20

19

東京科學技術館的體驗裝置

參觀者可使用吹風機使獅子身上的毛變形

用以説明形狀記憶合金

20

日本八王子兒童科學館的互動裝置

説話機器人

21

東京瓦斯館的實演裝置（液態瓦斯實驗）

22

東京科學技術館的電腦裝置

可提供營養諮詢

21

22

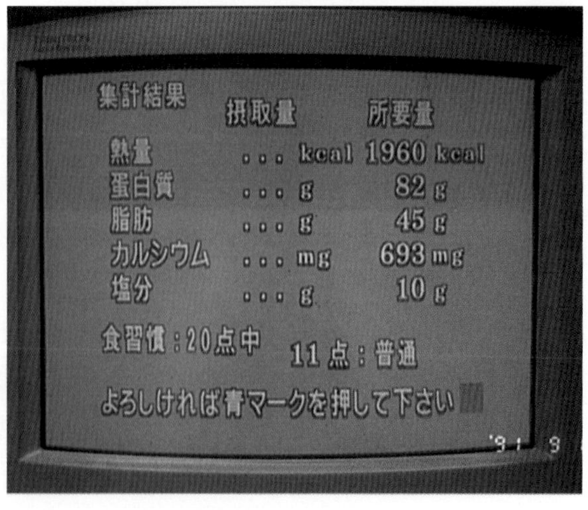

• 媒體與人的知覺

展示是人們觀看甚至參與的對象，它不斷散發出許多訊息。而訊息的讀取則須經過感覺與知覺的運作。從感覺器官得來的展示訊息經過記憶、思考、比照、推論等認知過程而獲得理解。但展示所欲傳達的訊息可以搭乘在各種形形色色的媒體上如同下表所示。

人的感覺	知覺刺激源	展示——感覺與知覺的對象			
視覺	光線 形狀 色彩 材質	文字 圖畫 漫畫 照片 插畫 圖表 繪畫 標誌	大小標題 說明文 展示圖片 展示影像	裱板 燈箱 視聽裝置 影帶 影碟 多媒體 幻燈投影裝置	靜態圖文展示 靜態模型展示 靜態實物展示 動態圖文展示
聽覺	聲音	語言 音樂	旁白 配樂	放音裝置 錄音帶	動態模型展示 動態實物展示
觸覺 壓覺 痛覺 溫度覺	材質感 壓力 溫度	物體 點字	模型 實物	模型 實物	影片展示 體驗展示
運動覺 平衡覺	運動	個體動作	動作動態	實演裝置 動作裝置 電腦裝置	實演展示 電腦展示 Q & A 展示
嗅覺	氣味	有氣味物體			
味覺	味道	有味道物體	體驗動態	體驗裝置	其它…

人的感覺包括視覺、聽覺、觸覺、運動覺、平衡覺、嗅覺、味覺等，各有其接收器官，包括眼、耳、皮膚、肌肉的自由神經末梢、肌腱內的高氏腱體、半規管、前庭、鼻、舌等。這些收納器分別對光線、聲音、溫度、壓力、疼痛、平衡、動作、酸甜苦澀、香臭等產生反應。

現實世界中的聲、光、溫、壓、甜、苦、香、臭、運動……等等知覺刺激是存在於文字、圖畫、語言、音樂（與噪音）及其他人造物

（包括有氣味、味道及動作者）和自然物如雪、樹、石頭等等知覺客體中，而且刺激多數不是單獨出現的，每每結伴而顯現，也因此實際上媒體的可能型態可以說是無限的。而參觀者對展示的理解除了透過感覺器官接到訊息外，還要經過知覺組織，也就是認知的心理過程。

• 媒體的選擇

對設計師而言，媒體的選用似乎是一件相當自由而容易的事情，但如果在實務上考慮到成本、製作方式、維修、以及訊息能否藉由此媒體做有效的傳達，那麼媒體選擇就變成複雜的多變數函數了。

無論對商業展示（如櫥窗展示）或非商業展示（如博物館展示）而言，媒體的選擇並沒有規則可循，同樣一個展示目標，達成目標的方法可以有很多種。過年時節各百貨公司都有應時的櫥窗，但並沒有相同的設計（有可能在次目標的設定上便已不同）。博物館中要教導色彩的混合，可以用實際表演、影片、電腦多媒體等等。

媒體的選擇基本上是自由的，只是設計師必須考慮到自己的成本、業主的要求及觀眾接受的可能性。面對這許多龐雜、相異甚至相互矛盾的需求以及可以無限變化組合的媒體，展示設計師的種種預估與抉擇乃是一項創造性的活動，仰賴直觀與才能之處仍十分多。

• 媒體的功用

大英自然史博物館的果士林（D. C Gosling）認爲媒體所能幫忙展示的包括了以下 6 項：

1. 吸引參觀者：展示對參觀者的吸引力可以從曾駐足於該展示前的人數與全部參觀人數的比率來表示。其中有兩個主要的影響即是參觀者自己與其他的展示。不同的參觀者具有不同的興趣與不同的知識水平，人們帶著期盼與希望來看展示，然而那些期望大概與展示開發者的假定有很大的差異。能激起觀眾感佩甚於理解的展示可能很吸引人，但如果它使參觀者覺得拙劣，就會失去吸引力了。讓參觀者可以理解而且必需面對適當程度挑戰的展示，當然比那些令他們覺得愚蠢與厭煩的展示更吸引人。

   第二個因素是有關展示本身的吸引力，顯然有些類型的展示比其他的類型更吸引人，例如，實物與參與式展示比靜態圖畫面板更具吸引力。一般而言，媒體結合娛樂性活動比結合正規教育更吸引人。但是從學習的觀點來看，一些經常在展示中見到的驚人技術並非永遠必要。

面對許多個展示單元，參觀者會在短時間內決定是否要更進一步瞭解這個展示單元，因此展示單元的整體（包含氣氛）或部份記號的設計要能散發特殊的氣質，吸引參觀者注意並靠近。

所謂「特殊氣質」包括所有感覺上特別強烈的刺激或價值判斷上特別重大的因素。

心理學上認爲我們所選擇注意的刺激通常視當時對我們最具重要性者而定，但最凸顯的刺激也最容易被知覺到。而促使我們對該刺激加以注意的重要因素包括強度、大小、對比、運動、新奇性等。森崇曾整理容易引起注意的各種因素，以下試舉博物館展示之實例以爲對照。其實這些已是科學博物館或迪斯耐樂園慣用的手法。

⑴一般因素——反常、意外性，例如顯微鏡下的世界。

⑵突發因素——緊急、衝擊性，例如閃電、火山爆發。

⑶告知因素——告知、警告性，例如入場的鈴聲。

⑷形狀因素——巨大、珍奇性，例如大心臟模型、奇怪的魚。

⑸變化因素——急變、破律性，例如流星、怪聲。

⑹價值因素——稀少、絕對性，例如登月小艇、大寶石。

⑺表義因素——期待、象徵性，例如厠所的標誌、象徵性雕塑。

2. 持續參觀者的注意力：參觀者在展示前駐足時間的長短，可用來測定該展示對觀眾的掌握能力，參觀者在展示前待得愈久，愈有機會理解展示所欲傳達的訊息。爲了使參觀者增長他花在某個展示的時間，我們必需告訴他們以下事項以設法吸引他們的注意：

⑴這是一個有關什麼的展示。

⑵展示內容與他們有關。

⑶展示是由特殊方法組成。

⑷展示將會以特別的方式來運作（如果是動態展示）。

展示開發者如果要抓住參觀者的注意，必需投合他們的興趣。試著把自己當成參觀者，然後問：一般條件下，他們在操作展示時有沒有被強迫的感覺？他們會覺得有趣嗎？他們能使該展示與自

23

23

在臺灣要看恐龍的大模型
只有到臺中自然科學博物館
這是吸引人的稀少性因素

24

24

觀光勝地的大佛以其巨大而吸引人
圖爲鎌倉大佛

25

25

具有意外感覺的
櫥窗，引人側目

己熟悉的世界找到關連，並運用他們已有的知識嗎？他們是否可以自己的方式來參與？他們覺得具有挑戰性嗎？

3. 喚起參觀者原有的知識：在任何混合媒體的複雜展示中，提出陌生的主題內容時，設法使展示訊息與參觀者的生活世界以及他所知道的事物拉上關係是很重要的。這樣的話，當他看見該展示時才會有信心：這些資訊是可以理解的。
4. 傳達訊息給參觀者：媒體用以傳輸訊息，爲了這個主要目的可能有以下要求：
   ⑴說明事物。
   ⑵給予事例（與相反事例）。
   ⑶給予重點強調。
   ⑷指示參觀者當尋找什麼。
   ⑸注意資訊的順序與速度，以免參觀者感到壓迫或厭煩。
   ⑹鼓勵參觀者回應。
5. 鼓舞參觀者有所回應：對展示者而言，不管做什麼都能獲得參觀者積極的一般性回應，實在是幸運的事，設計師的目標是要鼓舞參觀者以某種特殊的方式回應。主動的參與結合了機械、電機與電子的裝置，一個設計良好的裝置雖可以增進觀眾的回應，但也有淪爲玩具的危險。

26

26

使參觀者能更深入能夠提供回饋的展示

圖爲東京科學技術館之展示

6. 提供回饋給參觀者：展示與參觀者之間的溝通是個包括動作與反應的進行式——雖然除了互動式裝置之外，展示的反應是有些限制的。應該允許參觀者去檢驗他們理解的情形，所以展示有必要提供回饋，因爲你並沒有在那裏回答問題，參觀者會懷疑他們是否確實理解你。

討論問題

1. 何謂編碼（encoding）及解碼（decoding）？
2. 富蘭克林博物館的「槓桿原理」展示爲什麼經過修改？
3. 爲什麼說設計行爲是一種編碼的工作，而參觀行爲是一種解碼的過程？
4. 請舉例說明記號的明示義與伴示義？
5. 心理學家認爲人的認知是個怎麼樣的過程呢？
6. 設計者對展示的認知與參觀者對展示的認知會不會有差異呢？能否舉出生活中所發現「不容易理解」的產品有那些？
7. 你認爲建築設計應配合展示或者展示設計應配合建築設計？
8. 一個展示的外在形式可以分爲那些系統？
9. 展示媒體的功用有那些？
10. 要吸引別人注意的方法有那些？

第三章　展示的規劃

在從事「展示」之過程中可以大分爲展示規劃與展示設計兩大階段，簡單地說展示規劃是在參酌各項外因後決定展示如何進行：朝何方向、採何方式、用何種媒材來實施。而展示設計則按規劃之方向、方式將各類展示現象（包括實物與氣氛）實現的過程。這兩階段工作進行時各自有相關的許多要素，以下將分別就其相關要素加以探討。

3-1 展示規劃的構成要素

所謂「展示」可簡單地說是某（羣）人基於某種目的而將訊息、情報傳送給他（羣）人的過程，其間的構成要素可如下圖般歸納成6W2H（6 個 W 與 2 個 H）。

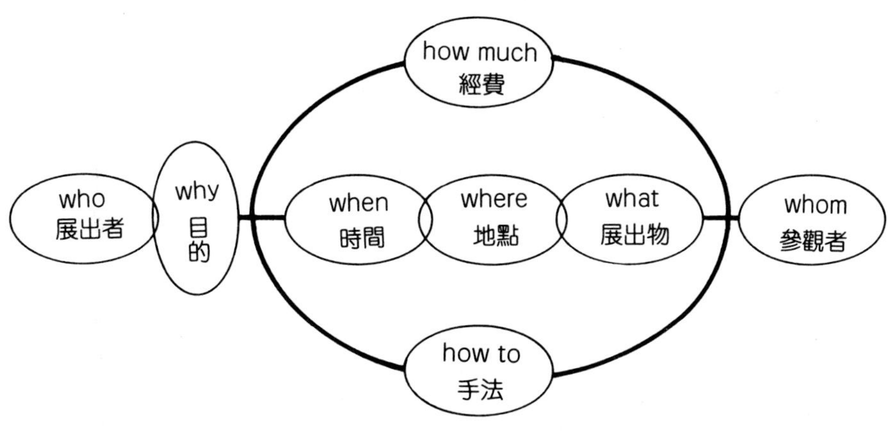

展示規劃之構成（6W2H）

展出者（who）基於某些展出之目的（why），在某些經費（how much）的運用下，利用一些表現手法（how to）於某時間（when）、某地點（where）將展示物（what）展現出來給參觀者

（whom），而達成其目的。因此，從事展示規劃時就可以針對此6W2H加以探討，進而運作規劃。

此外倘使以另一種更接近展示設計者的立場來分析展示時，我們可以得到另一種如下圖的構成關係。

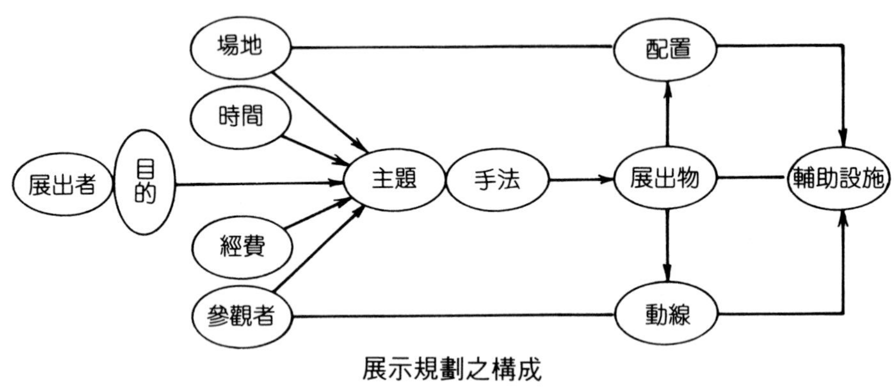

展示規劃之構成

圖中「展出者、目的」、「主題、手法」、「展出物」間有一條明顯的前進軸線，意即展示設計是由展出者的某種目的（動機）出發，在某種展示主題及展示手法的運用下製作出展示物的一連串過程。而展出者在擬定展示主題、手法時會受到展示「地點」、展示「時間」、可運用的「經費」及「參觀者」等外在因素的影響，或者說擬定主題、構想展出手法時需考慮上述四項外在因素。而當展示物推出時將面臨如何安排、「配置」於展示地點上，又參觀者參觀展出物時就會產生「動線」的問題，所以展示設計者通常還需設計製作一些「輔助設施」以使參觀者能清楚地知道整個展示空間中展出物之配置情形與其可採用之移動路徑等相關資訊。因此展示規劃時必須考慮、了解的因素應包括下述幾項：

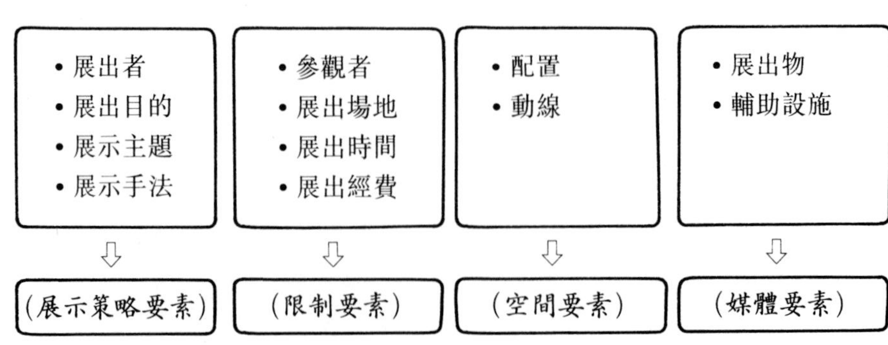

本章將按展示策略要素、限制要素、空間要素、媒體要素等分別介紹。

- **展示策略要素**：展示規劃活動中展示者所能控制、運用、所需確立、設定之要素。
- **展示限制要素**：展示規劃活動中展示者被設定、被限制、需向其配合之要素。
- **展示空間要素**：展示規劃活動中有關空間運用上相關的要素。
- **展示媒體要素**：展示規劃活動中達成展示效果的展出物及協助參觀者參觀行爲的輔助設施。

3-2 展示策略要素

一、展出者的特性

「展出者」之意指資訊發送的創造者，於展示活動中使訊息、情報得以傳遞出來的人。

就一小型之展示（例如個人之裝扮）而言，整個展示資訊的發送過程可能由個人獨自完成。但是就一大型展示（例如一個博物館）而言，這展出者將是由一大羣各種專業的人集合而成，透過他們的分工合作才得以將展示內容加以規劃，進而使展示得以實現而傳遞出資訊、訊息。在現行的分工方式上可大分爲業主（展示所有人）、展示規劃者、展示設計者、展示製作裝配者、展示管理維護者等諸多角色。

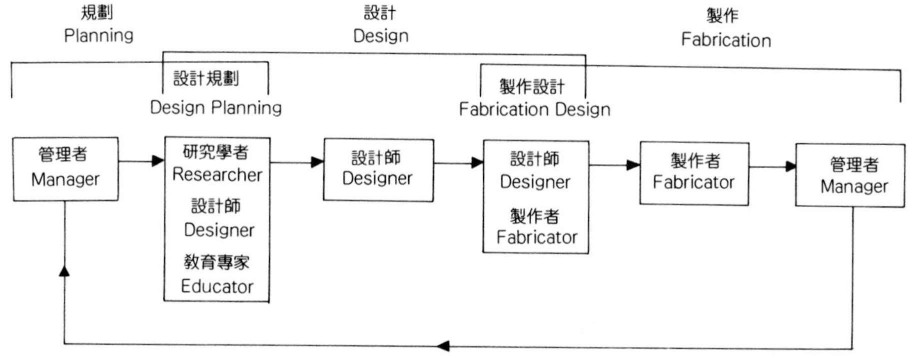

這些人是基於一個共同的目標（發送某種資訊）而結合一起，這羣人的努力成果都將成爲所發送資訊之主體。然而在實際的作業中經常產生的困擾是：因爲分工之故，各人的工作性質不同，面對的問題、困難不同，加上各人之專業背景、理事方法態度不同，因而經常產生訊息傳達之誤差或目標追求之不一致……等問題。因此愈是從事現代大而複雜的展示之時，愈需要知道如何從事管理工作使一大羣分工精細且各有所專之人員能在同一目標下精確地掌握目標、完成任務。

此外，因爲展出者必須對展示結果負責，因此將展示呈現出來且傳予他人時，除了追求預想中的目的、意圖外，對於展示現象所產生的社會影響亦應作預先之考量並負起其社會責任。

二、展出目的

人類的任何活動皆有其動機與目的，展示依其種類、型態之不同亦各具其目的，小至出門前的裝扮（化粧）大至一大型博物館皆然。展出目的可說是從事展示工作前首需揭櫫之重要事項，是所有參與展出者需同心以赴者。

縱觀目前各型各類之展示，歸納其目的可大別爲兩大類：1是商業性之目的，2是非商業性之目的。

1. 商業性目的：又可細分爲下述三種

⑴以「銷售」爲目的者——即透過展示來打動參觀者的心並促使其採取購買之行爲爲目的者。例如各式百貨公司、量販店、連鎖店、精品店……中之展示。其重點在於推動參觀者決定「購買」此一商品。

⑵以「宣傳」爲目的者——以傳送企業的資訊或其商品訊息給參觀者爲目的者。例如：展示室、樣品室、商展……之展示。其重點在於讓參觀者強烈的、清楚的、有效的「知道」此一訊息。

⑶以「娛樂」爲目的者——廣義的娛樂應包括身心的滿足，即透過展示可以滿足參觀者生理面、心理面之需求並獲致娛樂效果者。例如健康中心、休閒中心、遊樂場……等之展示。

2. 非商業性目的：亦可細分爲下述四種

1

1

銷售爲目的之展示

圖爲羅馬之商店

2

2

宣傳爲目的之展示

圖爲拉斯維加斯

3

3

娛樂爲目的之展示

圖爲廸斯耐樂園

(1)具「公用」目的者——公眾透過「共同使用」之模式而可滿足其個別需求之公共展示（設施）。例如：公園、街道、公共標誌……等屬之。其重點在於「公眾需求」之滿足。

(2)具「民俗」目的者——以各地特有之民俗、風情的保存、延續與發揚爲目的者。諸如：廟會、遊行、喜慶婚喪、戲曲雜耍……等類展示。

4

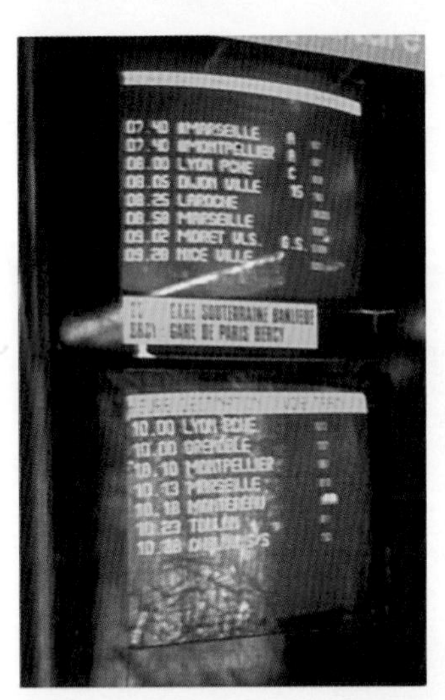

4

公用爲目的之展示

圖爲巴黎車站之顯示器

5

民俗爲目的之展示

圖爲臺灣的民間廟會活動

5

6

6

文化爲目的之展示

圖爲大阪花與綠博覽會的名畫之庭

7

教育爲目的之展示

圖爲波士頓科學博物館

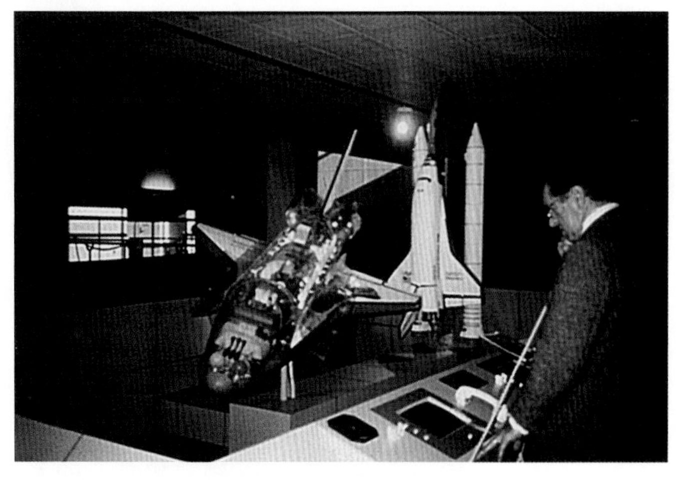

7

⑶具「文化」目的者——以文化之介紹、傳播與交流爲目的者。例如：萬國博覽會、地方博覽會、文化中心……等。

⑷具「教育」目的者——以教育啓蒙、學理之介紹爲主要目的者。例如：博物館、美術館、水族館、動、植物園……等。

其中博物館與博覽會其實都有文化與教育之功能在內，兩者在型式上極易分辨，却不易以文化與教育之偏重來分辨。

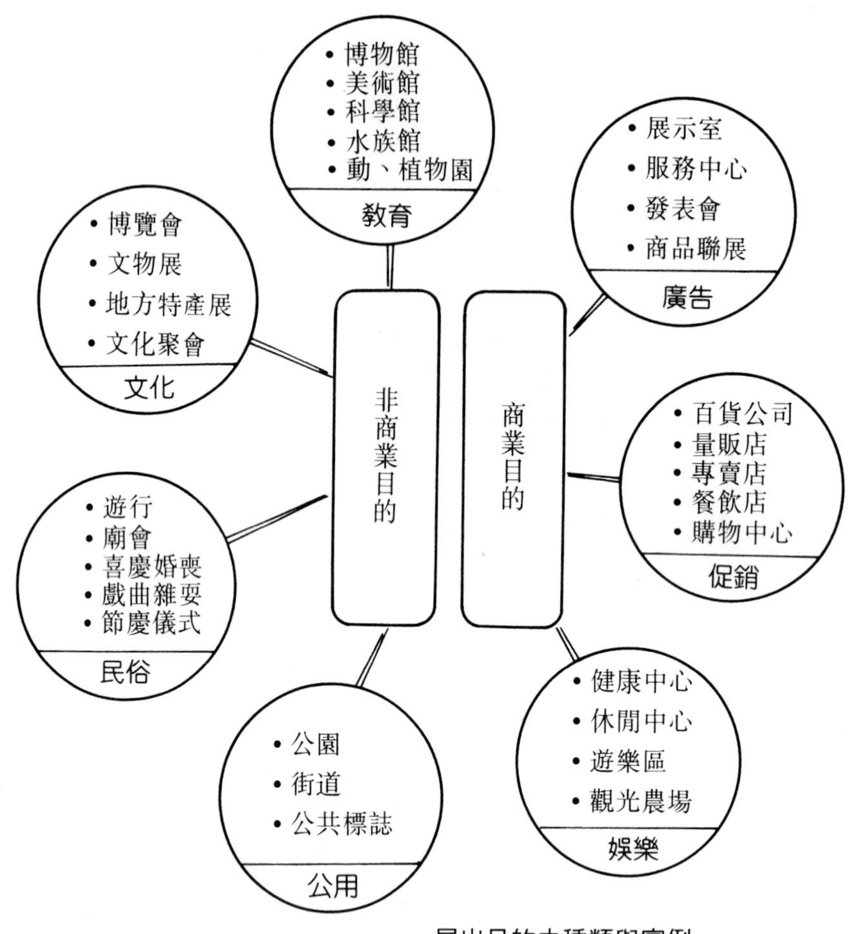

展出目的之種類與實例

另外，在現代的展示規劃方法中常在展示的目的之下另行設定一些更具體的，甚至數量化的「展示目標」，例如以宣傳爲目的之展示會設定要讓某一階層（類羣）的多少人能因而知道、認識此一訊息爲目標，促銷性的展示則以提高多少營業額爲目標，教育目的之展示亦以多少人能據而理解所欲傳達之理念、事物或能理解其中之多少百分比……等，諸如此類之「目標」，目標之設立有助於展示設計、製作過程中資源（經費）之有效運用及展示評量時有更科學性之檢討。

三、展出主題

• 展出主題的意義

所謂展出主題可以說是整個展示活動的中心思想，一種提綱契領式的精神總指標，主題的訂立對進行各項展示分工的展出者而言可收規範、統一之效，不致於分工過程中產生意念、效果之分歧，對接收展出訊息的參觀者而言，因爲展示內容是在主題規範內做有邏輯設計的結果，故可提高其對展示之認知與興趣。因此如何訂立適切的展出主題亦是展示規劃中重要的策略要素之一。

• 主題擬定的方法

一般而言，展出主題之訂立常從二方面加以檢討，一是簡明扼要，二是引人入勝。

所謂簡明扼要是指以簡單而扼要的詞句而能將整個展示精神傳達出來，如此從事展示分工的各部門容易於主題下產生共同的認知（共識），展示得以貫徹實現，而對參觀者而言，亦可容易地由主題聯想進而理解其含義。而所謂引人入勝是指所設立之主題應有足夠的文字張力來吸引參觀者，使其進一步地來接受展示的內容，有助於展示目的、目標之達成。

在展示規劃、設計的過程中多數會設立主題或中心概念，但主題的文字却未必會出現在展場中，例如博物館、博覽會、遊樂園的展示多有主題，而商店、櫥窗、展示中心則一般沒有。

當主題要以標題的方式出現在展場時，可以借用廣告的手法來擬定主題，其中目前慣用者概有下述幾類型：

1. 新聞性手法：以依附或雷同於最近具新聞性之事件、事物來訂定主題的手法，如此訂定之主題通常較具注目性及足夠之吸引力，但應掌握其時效性。例如：於波斯灣戰爭期間以「向海珊宣戰」爲題來展示各類太陽能器具即是。
2. 好奇性手法：是以懸疑、反常等手法來激起人之好奇心的主題訂立法，例如：以「秘密證人曝光」來展示各類電子設備。
3. 感情性手法：是以感性訴求爲重點，激起參觀者心靈之悸動爲主的主題擬定法，例如：以「人間最後的淨土」作爲風景展示之主題即是。
4. 指導性手法：是以教導、傳遞給參觀者某種知識、技能訊息爲訴求之主題訂立法。例如：以「吃出健康來」爲主題即是。參觀者可由此感受到可以獲得某些飲食的知識。

5. 特質性手法：是以直接而簡明之方式告訴參觀者展示的內容、特質的一種手法，例如：以「中華科技」爲題，則參觀者、展出者均可明確地了解其展示內容。
6. 人性利益手法：是以提供參觀者有形、無形、實質、精神的利益爲訴求的主題擬定法，例如：以「年終清倉大拍賣」作爲主題，即是以提供參觀者利益（折價）作爲訴求重點。

於實務上以上各類手法合併運用之例子亦甚多，甚至全然不屬其中者亦有，本來設計就是種充滿創造性的活動，因此上述幾種手法僅是將常見者分類歸納之結果。

四、展出手法

• 展出手法的意義與分類

所謂展出手法指的是在展出主題下以什麼樣的「方式」將展出者所欲傳達的訊息，甚或物體如卡片傳達給參觀者，是一種較具體的「方法」。而展出手法的種類也極多，倘使就其訊息傳遞的方式來區分的話大抵可分成二類：

1. 單向傳遞的手法：即展出者將其所欲傳達之訊息以各種視覺、聽覺、觸覺、味覺、嗅覺媒體對參觀者作單方向的傳輸。展出者不斷地傳送出訊息，而參觀者則以選擇性的或無選擇性（被迫性）的立場接受訊息。而其傳送出來之訊息依其內容又可區分爲明示的訊息與暗喻的訊息二類：所謂明示的是展出者將其意圖以開門見山的方式傳輸出來，而暗喻的則是以曲折的手法引導參觀者進入某種目標情境中，進而吸收、同意展出者意圖的手法。
2. 雙向溝通的手法：在取得參觀者的同意（選擇）下依展出者的設定或參觀者的需求而展開的訊息傳遞方式，是一種較符合人性的展出方式。

• 展示手法擬定的方法

而在擬定展出手法時按其內容來區分又可分成下列各類：

1. 強調「故事性」的手法：即整個展出上呈現的是一個故事、事件

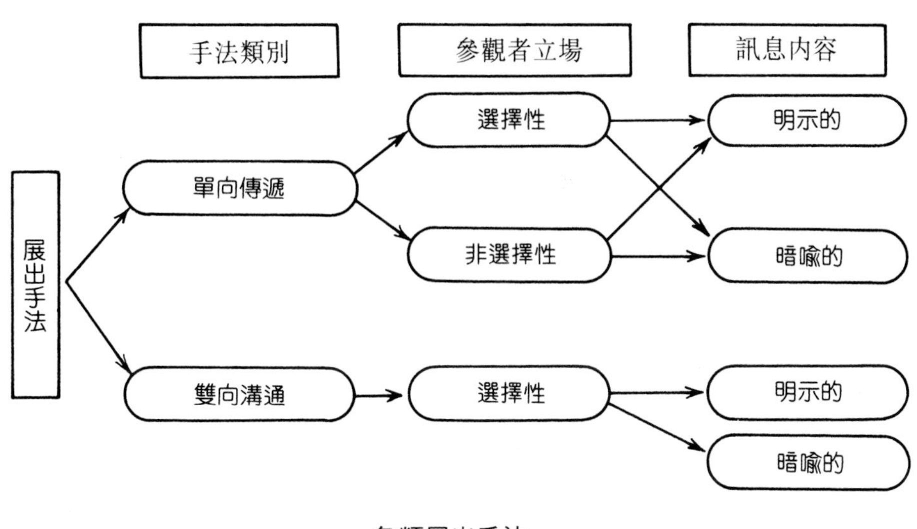

各類展出手法

的敘述，讓參觀者溶入其中甚至產生一種角色替換的印象。例如：在自然科學博物館中之「生命的起源」展示即以故事性手法配合多媒體敘述火山爆發及地表形成經過。

8

8

故事性手法

敘述火山爆發及地表形成過程

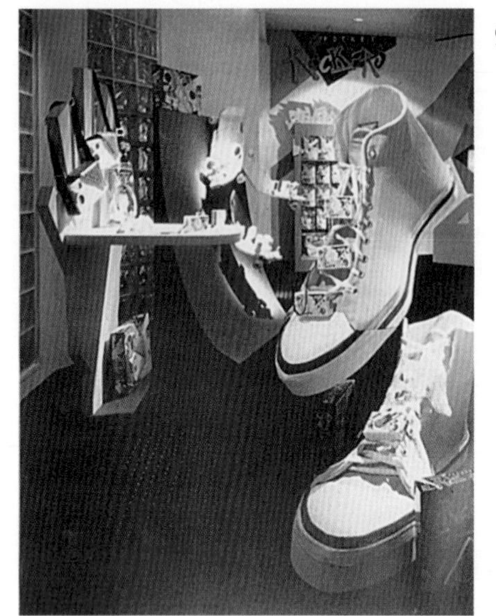

9
意外性手法
巨大的鞋

10
氣氛性手法
原野露營之氣氛

2. 強調「意外性」的手法：以奇異的、反常的事物來提高參觀者注意力的手法。例如：圖中利用巨大的鞋子來製造意外的效果及趣味性。
3. 強調「氣氛性」的手法：透過展示讓參觀者溶入一種特別的氣氛中以產生角色替換之印象，例如：將展場佈置成一露營地之氣氛來展示各種休閒設備。

11

12

11
配置性手法
各類之帽子

12
理解性手法
地下各層土壤之成分

4. 強調「配置性」的手法：以排列的、分類的、混合的、平面的、立體的展示物之配置（Layout）效果爲訴求重點的手法，例如：圖中即利用簡單之配置來展示各種帽子。
5. 強調「理解性」的手法：以構造性的、生態性的、實驗性的展示物來達到說明、啓蒙效果的展示手法。例如：日本八王子兒童科學館前就展示著當地的土質構成情形，以剖面的形式呈現出來可以很清楚地看出各層土質之不同。

13

13
—
變化性手法
會噴水的「水舞」

14
—
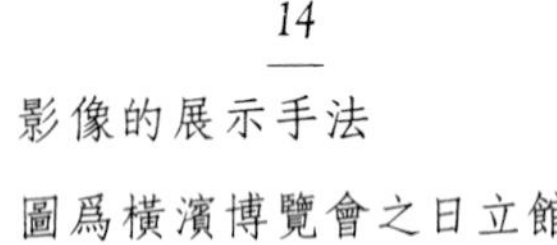
影像的展示手法
圖爲橫濱博覽會之日立館

14

6. 強調「變化性」的手法：以展示物或其環境之印象的變化來產生魅力、吸引力的手法，例如：橫濱博覽會中「水舞」之展示即利用不定時不定區域會噴出水柱的變化性吸引了極多參觀者投「身」其中。
7. 強調「影像」的手法：以各種視聽媒體、鏡子、反光物等造成環境變化等效果的手法，例如：各類超大型影像媒體之展示均屬此類。

3-3 展示限制要素

一、參觀者

所謂參觀者指的是於展示現場參觀、參加展示活動的個人或羣眾，是展示活動中相當重要的角色，少了他們展示活動將無以成立。同時因不同性質（年齡、性別、職業……）之參觀者其興趣、需求、接受能力等等皆會有不同之表現，因此從事一項展示規劃之前，首先得將目標參觀者之區分、特性清楚地確立下來，才能針對其特性作出適合的展示內容來，也就是了解目標參觀者或設定目標參觀者。

• 參觀者類別之區分

對於目標參觀者的區分手法目前有一些通用之法則可供參考：

1. 人口統計學分類法：意即按照人口統計上之項目來作區分，例如以男性、女性，已婚、未婚，年齡……等要素來作區分。
2. 地域性分類法：以居住地或出生地之不同來區分，可以區分出如城市、鄉村，平地、山地，沿海、內陸，南部、北部，……等不同區隔之人羣。
3. 經濟性分類法：以收入的高低區分，或以工業、商業、農業區域來區分。
4. 社會性分類法：以社會階層地位來區分，例如學歷之高低、職業類別之不同、參與之社團種類……等來加以區分。
5. 心理性分類法：以其生活型態、意識型態之不同來區分，例如單身貴族、頂克族（DINK, Double Income No Kids 即雙薪無子女者）……，生活情趣取向者、旅遊興趣取向者……，國民黨、民進黨……支持者等等。

然而這些分類並非截然分開使用的，有很多情形是將它們再加以組合運用的，總之，這樣的分類僅是提供參考以方便地區分出特性相同之族羣罷了。

• 參觀者之行爲模式

除了上述因族羣之不同所產生之不同取向外，就所有參觀者來說，有一些特性是共通的，例如人的行爲模式或在展示場中之一些心理、生理反應等。

以 AIDMA 行爲模式來分析，則所有的人在採取行動之前通常會經過幾個程序：

1. A（Attention）：對於外來的訊息、訊號產生注意，進而產生認知之過程。
2. I（Interest）：經過認知後產生興趣、趣味，才能激起情感上的認同繼續接受外來之後續訊息，否則行爲將至此中斷（掉頭而去）。
3. D（Desire）：在引起興趣之後，倘使能再激起其某種慾求（例如：一窺究竟之精神慾求或可得贈品之物質慾求），則更能引發其下一階層之行爲。
4. M（Measurement）：在興趣、慾望等情感的激勵下，有大部分的人會有某種程度的衡量與評斷（太貴嗎？危險嗎？可以嗎？），是一種理性的剎車行爲。
5. A（Action）：經過評量後會作出判斷，表現成行動顯現出來（別傻了回家吧！或，有意思試試看！）。

因此，像展示這樣沒有參觀者(對手)就無法完成之活動，非得了解參觀者之行爲模式並加以掌握不可。

• 參觀者之參與意識

參觀者前往展示場所參與展示活動之動機可分爲兩大類：一是有意識的參與，即經過籌劃、準備而來者，另一類是偶然的參與，也許是突然碰上的，不期而遇的。

懷有參與意識的人能否達成參與活動的目標，仍然會受到：1. 時間的容許；2. 經濟負擔能力；3. 精神的狀態；4. 身體的狀態；5. 參加的機會性等諸因素的影響。因此展示規劃時，應站於參觀者立場對這些因素加以考量。

而對於偶然參與的參觀者而言，由於缺乏事前的訊息，因此除了上述五項影響因素外，還會增加「6. 對主題的認知性」——這樣一個因素。因此規劃主題時，倘能注意到「簡明扼要」與「引人入勝」的話，將可吸引更多偶然參與的觀眾。

• 展示參與之時日特性

對於一般有期間限制之展示而言，據研究統計其參觀者參與情形得到下列之結果：

1. 最初日與最末日之參觀者最多。
2. 假日之參觀者較平日爲多，短期性（10天左右）之展示約爲3：1，長期性之展示約爲2：1。
3. 天候之影響下（如酷寒、酷熱、風雨……）有意識參與者會減少，而偶然參與者則相對地增加。
4. 如百貨公司之減價活動等購買目的之展示參觀則以首日爲最多。

•會場內之參觀特性

特別是大型的展示參觀活動，參觀者均會體會出來所謂的「博物館疲勞症」，經過一段時間的參觀後，生理上會呈現疲勞，而精神上則產生注意力不能集中，難以接受外來的訊息，而加快脚步，朝出口以直線方式前進。

而這疲勞症之發生因人因展示內容而異，但一般產生於參觀開始後的30～45分鐘後，因此展示規劃時應斟酌展場之大小配以適當的主題、空間區隔，此外展示內容上如何作適當的刺激配置，以及適度的休息區設置，均是減低疲勞症問題之必要措施。

15

15
美術館中須要適當的休息空間
(圖爲羅浮宮)

二、展出場地

展示是一種隨時隨地皆可發生之活動，因此所謂的展出場地指的是發生展示效果的那個空間，空間之特性不同所展現出來的展示效果亦不同。展示規劃時常以二種型態進行著，其一是「尋找」合適的展出場地：針對展出主題、展出手法的要求，配合目標參觀者之特性去發掘最適當的展出場所。另一是「運用」一處既定的展出場地：場地的位置、大小、形狀已經都被限制了，此情況下規劃重點則是了解展示的需求與場地的條件，如何善用場地來發揮最有效之展示效果。

進行展示規劃時，不論是前述何種型態，對於展出場地的檢討、認識可從下列各空間條件來入手：

1. 地域的條件：了解場地所處的環境位置、地域條件。是市區、郊區、商業區、工業區、住宅區與附近地域關係如何？交通條件如何？參觀者到達之難易與其他問題等。
2. 位置的條件：是室內、室外或是其過渡空間，其地板、樓梯、牆壁、天花板……等條件如何。
3. 形式的條件：是常設性的或暫時性的，是專用的或是共用的，是固定式的或移動式的展示空間。
4. 規模的條件：面積多大、容積多大、何種形狀。
5. 設備的條件：空氣、溫度、光線、音聲等環境如何？用電等施工方面的條件如何？水源、排水方面的條件如何……等。

依據這些要素條件可以讓我們更清楚地「認識」有關展出之場地的特性，便於展示設計時做最恰當的運用。

三、展出時間

進行展示規劃時對於展出時間之掌握，主要是參酌目標參觀者之生活習慣及展出者營運、管理之方便與經費而下之綜合結論，是以最低之營運費用而能收最大的展示效果爲目標。而從事規劃時，對於展出時間之掌握、運用可以從二個方向來進行：

1. 展出時機：即什麼時候來展出最好，是時間帶的位置選擇，例如一年中的什麼時間最好、每個月的何時或每週的何時，甚至每日的何時最好等。在適當的時機之下來推出展示，可獲得相對較高之效益。特別是與節令有關之展示倘能「適時」地推出，其效益更是明顯。

臺灣之節令、節日對照表

季節	春						夏						秋						冬					
陽曆	2月 4/5	19/20	3月 5/6	20/21	4月 4/5	20/21	5月 5/6	21/22	6月 5/6	20/22	7月 7/8	23/24	8月 7/8	23/24	9月 7/8	23/24	10月 8/9	23/24	11月 7/8	22/23	12月 7/8	21/22	1月 5/6	20/21
節氣	立春	雨水	驚蟄	春分	清明	穀雨	立夏	小滿	芒種	夏至	小暑	大暑	立秋	處暑	白露	秋分	寒露	霜降	立冬	小雪	大雪	冬至	小寒	大寒
陰曆	一月		二月		三月		四月		五月		六月		七月		八月		九月		十月		十一月		十二月	
節日	•情人節		•植樹節	•青年節	•清明節、婦幼節	•春假	•勞動節•母親節		•端午節				•父親節•中元節	•七夕情人節	•中秋節	•教師節	•國慶日•重陽節 •臺灣光復節	•總統蔣公誕辰紀念日		•國父誕辰紀念日		•行憲紀念日、聖誕節	•開國紀念日	•尾牙•除夕•春節

16

16
以新年爲題的櫥窗展示

2. 展出時期：即展出多久較好，是時間帶長短的選擇，有時候展出的相對效果與展出期間之長短並無絕對之因果對應關係，而展出期間之長短將會影響到展出品製作之材料、構造等涉及展出經費的問題，因此選取一段適當的展出時期，亦是展示規劃之重點。

至於何種時期長度才是適當呢？並無一定論，但通常的趨勢是時機性愈強者相對的其時期長度會愈短。此外，不同的展示類別各有其一般通用之展出時期長度，下圖爲現時常見之各類展示之標準期間長度。

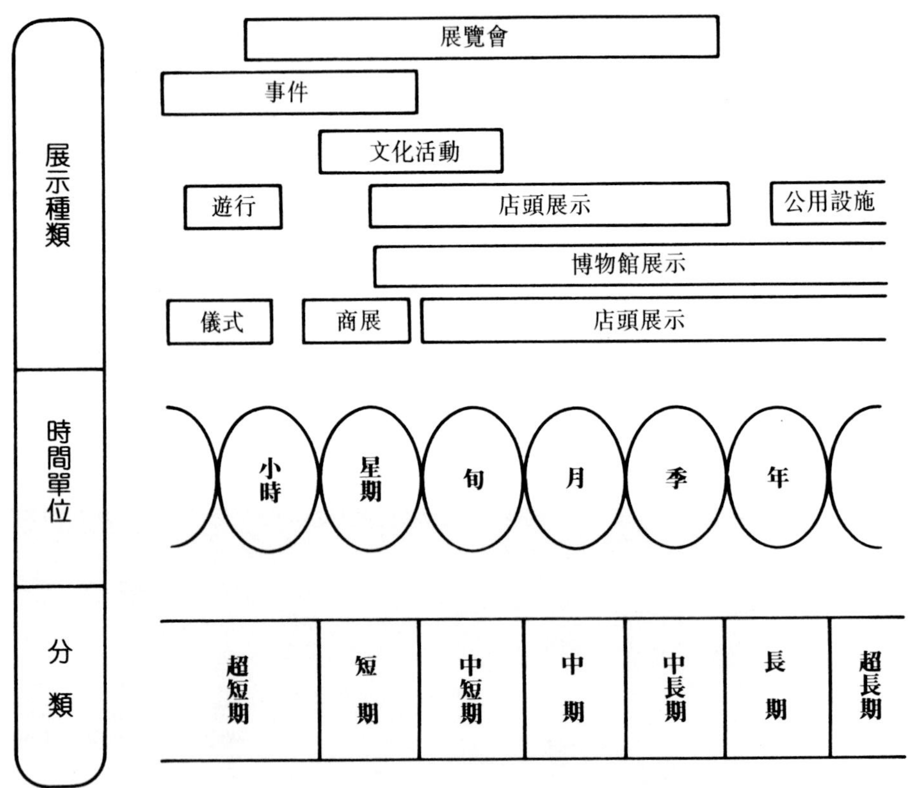

各類展示之標準展出期間

四、展出經費

俗謂「巧婦難爲無米之炊」，展示活動當然需要經費來執行，而且展示的內容、效果與所能運用之經費有著密不可分之關係。通常展

17

17
資訊月展覽的展出期間
屬於不長不短的中期

示活動之經費是以預算方式來執行，亦即先立下多少經費可資運用的模式，因此展示規劃時如何將整筆預算加以適當地分配至各細部是極其重要之工作。

通常展示之經費會包括直接經費：例如，展示規劃、設計時之調查費，製作、施工費，營運、管理費，解體、撤除、搬運之費用，及設計費、場地費等直接反應於展示上的經費，以及上述未提及之相關間接經費（如人事行政費、通貨膨脹……）二類。

而展示規劃時經費分配估算法通常依展出內容、手法來預估，以每平方公尺或每平方英尺多少錢來估算，指的是從地板到展示結構頂端的費用，估算的基準目前仍是以「經驗」爲主。

展示經費之妥善分配與控制，關係著整體設計的成敗，是展示規劃中不可不慎之要素。

3-4 展示空間要素

展示規劃中之空間運用要素包含二個主題，其一是各種展出物品在整個展出空間中的「配置」。它是展出物與展出場地間交織出的問題。另一項是參觀者在整個展出空間中參觀、移動的「動線」。它是人與展出場地間交織而出的問題。

一、配置

• 展出物之空間關係

當各種展出物(媒體)同時出現在一個空間中時,首先出現的是各媒體間的相對位置關係,而參觀者在面對這些媒體時亦會產生心理上的相關關係,物與物之相對位置若以其所佔有之物理空間來看,大概可區分成下述幾種關係:(參考陸定邦,1991)

1. 空間中之空間:較小之展示媒體之空間包含於另一較大媒體之空間中,這種配置下,通常小空間媒體之重要度會大於大空間媒體,且二媒體之展示資訊有極度密切之相關性,二者形成賓與主之關係。
2. 相交疊之空間:二媒體之空間部分交疊,通常二媒體之展示資訊有密切關係並有所交集之部分者。
3. 共通連續之空間:二媒體之空間交界部份採取一種柔性的漸變方式來達成資訊的換場,當媒體間不是有太強之關連性又不願造成過強之資訊段落時使用。
4. 相鄰接之空間:二媒體緊連在一起但其間各自之空間有清楚之界限,通常比較性的、對照性之媒體常作此配置,參觀者亦領會其異同之處。
5. 相分離之空間:二媒體之空間獨立且分離,通常媒體資訊間不具關係時使用,但有時為加強區別其性質或須藉空間之分離方能顯出其特性者,亦常運用這樣的安排。

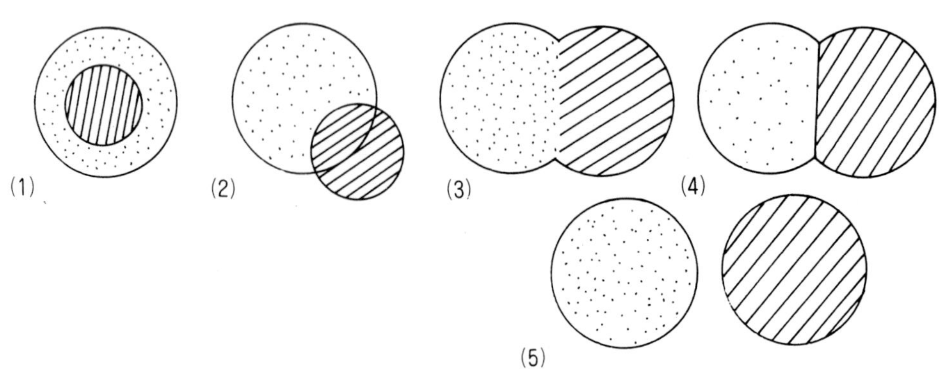

• 配置之要領

以上是從媒體與媒體間之空間關係來探討。當我們以整個展示場之空間配置情況來看時，又可發現各媒體空間在組構時常運用之方式有下列幾種：

1. 中央集中型：中央集中型的組合是穩定的內聚組合，是以一個中央主導空間爲主，週邊附聚一些次要空間而構成。一般而言，在

18

18
中央集中型的配置
圖爲1990年國際商展的松下電器館

此組合中的中央空間造型是規則性的，尺寸也較大，以供週邊的次要空間連繫。次要空間之機能、造形、大小也許是相等的，以使得整體呈現對稱或規則性。也許是相異的，以反映出其相對性與環境特性。

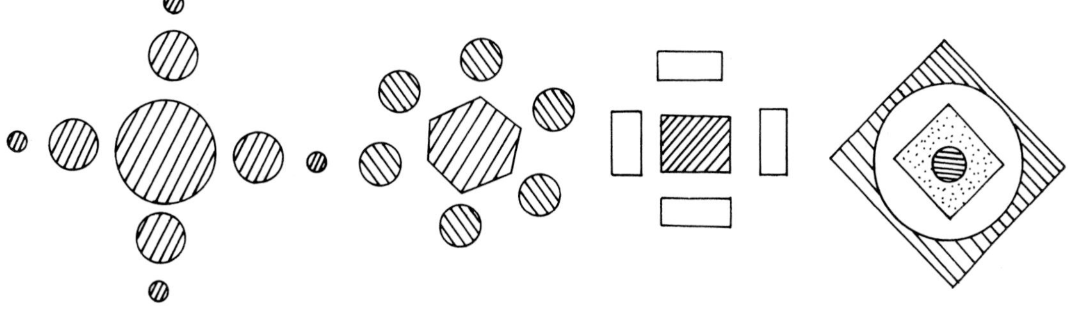

2. 線型：重複空間的線型效果，基本上包含了一系列的空間，這些空間通常是彼此相互關聯或是藉由一個獨立的線型構件來連續，它經常是一些大小、造形、機能類似的空間的重複。

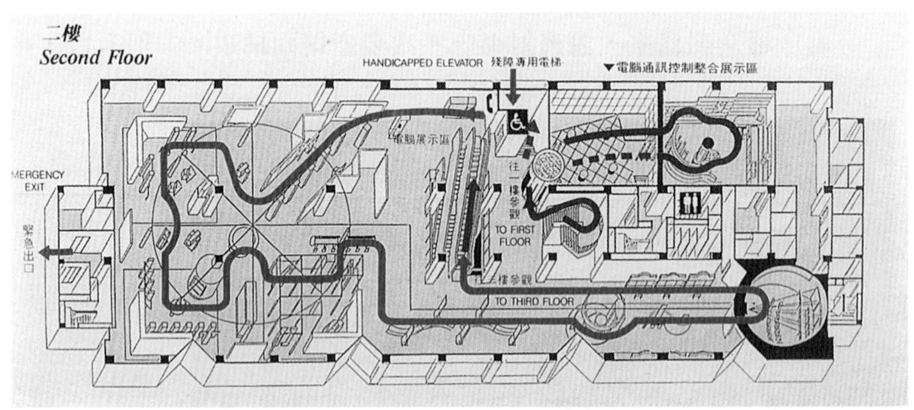

19

線型配置

圖爲臺北資訊科學展示中心

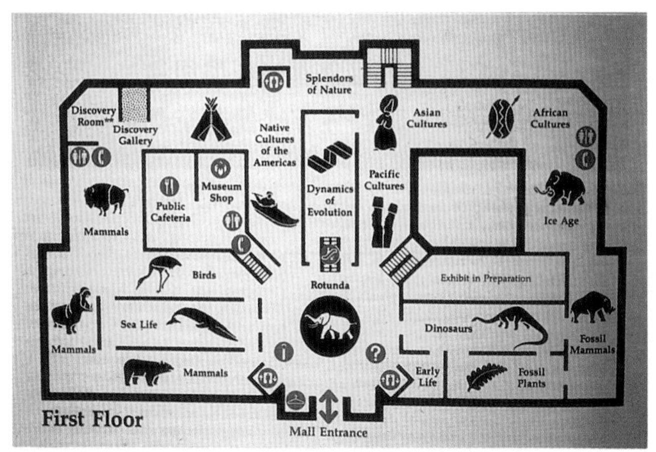

20

20
輻射型配置
圖爲華盛頓自然史博物館

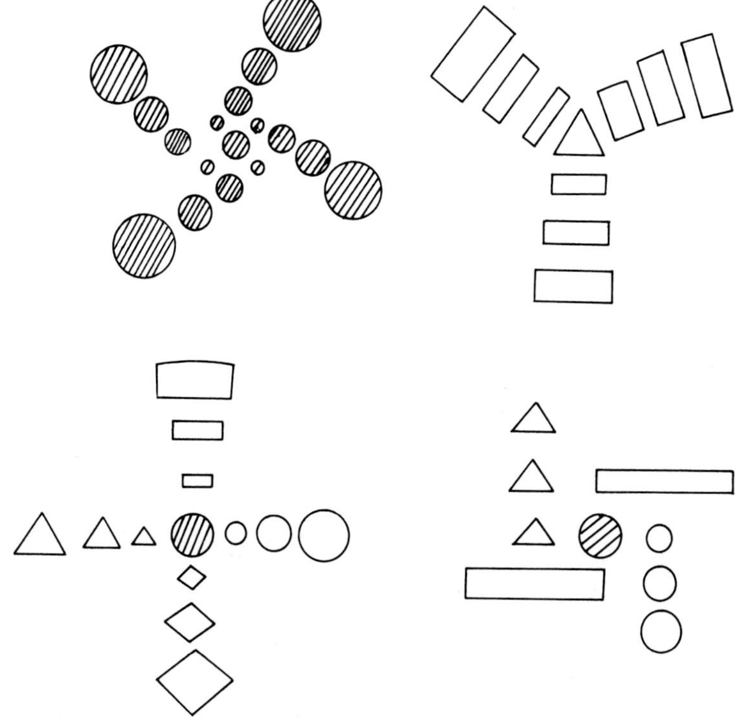

3. 輻射型：由一中央主導性空間向外輻射地聯結一些線型組織，融合了中央集中型與線型二種型式。中央集中型是種內斂的型式，向著中央而成焦點；輻射型的組合則是種外放的型式，其外可能散列著幾個相似或相異之焦點，輻射中心擔任的是聯結的角色。

4. 格子型：空間組合於二度或三度空間的格子裏，在格子系統裏，空間也許是獨立的物體或格子模矩的組合。格子型組織亦可藉著中斷、部份移動、繞固定點（軸）旋轉等方式使其空間造形產生變化。

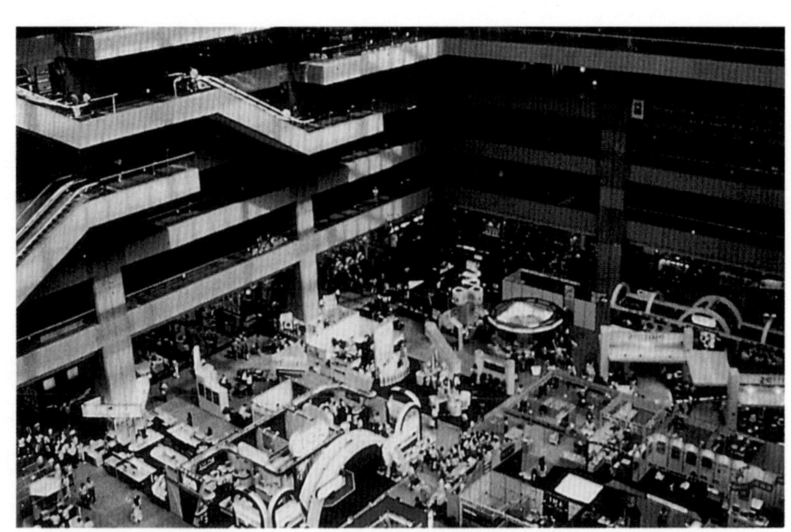

21

21

格子型配置

商展中常常使用單元模矩的組合

22

22
簇集型配置
圖爲1990年大阪花與綠博覽會之會場配置

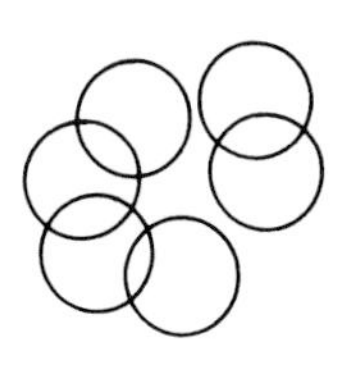

5. 簇集型：將一些展示單元之空間以一種凌亂的、隨機的方式接合、疊合在一起，是一種富彈性、活潑的，允許成長的變化。在簇集型組合裏沒有固定格式的配置方式，亦無因空間組合而形成之重點空間，因此各單元須依藉其大小、造形或其他性質來強調其重要性，但各展示之間看似隨意，其實仍暗含某些邏輯關係。

二、動線

• 動線之構成元素

所謂動線是指人或物之移動軌跡。而考慮展示場中展示單元之配置並進而預測參觀者之動線者，就稱動線規劃。參觀者之參觀動線如何規劃呢？有必要先了解動線之構成要素及各要素之特性。

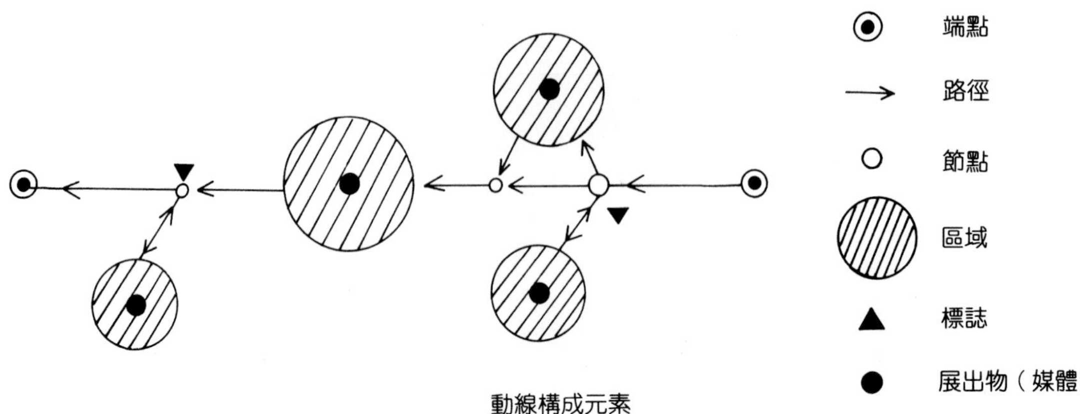

動線構成元素

1. 端點：包括起點與終點，通常是展示區的入口與出口，或是參觀者最初及最後接觸之展示媒體。而起點的展示媒體通常需具有強度的吸引力以吸引參觀者，終點的媒體多具有告知展示活動結束或指引下一展示單元方向的功能。
2. 路徑：從某一展示單元到另一展示單元間的移動路線，可視爲一種接近或行進之方式。通常路徑亦可分爲主要及次要路徑，如果主要路徑之特徵不足則容易被誤認，將會擾亂整體之參觀動線，連帶的使參觀者對展示意念發生混淆，展示的效果也將因而減低。
3. 節點：於參與展示活動過程中需作選擇、判斷之位置，如分歧路徑之連接處。許多情況下節點本身亦具有標誌之作用，使參觀者在參觀完某一路徑後於最短時間內回到主路徑上繼續之參觀活動。

23

在節點處的指示

圖爲小叮噹科學園

23

4. 區域：可接受到展示資訊、參與展示活動之空間範圍，例如在一面電視牆前面有一半圓形之範圍可看得見（看得清楚）放映的內容，則這半圓形空間範圍便是此項展示物（媒體）所佔有之區域，區域之大小可依展示物之型態或參觀者參與方式之不同而有大小不同之別，也可能產生清楚區域界線與模糊區域界線之別。

24

24
展示區域是展示活動的主要場所
圖爲東京科學技術館的金屬廳展示

25
標誌用以引導動線
圖爲横濱兒童科學館的標誌
引導欲參觀機器人劇場者

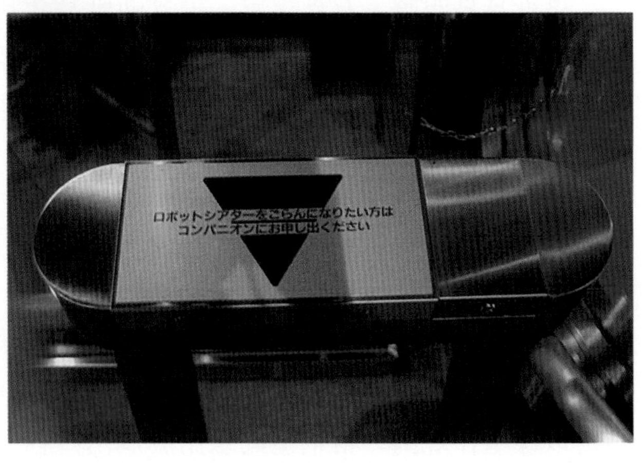

25

5. 標誌：可供辨識之符號、圖形、物件、聲音、動作、影像、造型或裝置等，以提供參觀者辨識目前位置或回到節點、路徑之參考者。通常標誌常設置於節點、路徑上，也常因標誌的設置而產生節點等動線元素。

6. 展示物：指的是展示媒體所佔之物理空間。

• 動線之種類

於展示規劃中常依展出場地之特性及展出物之內容先行規劃出參觀者動線（或一般稱爲導線），再配置各展出物之位置。而參觀者動線之規劃與展示物之配置類似，常見之型態有下述幾類：

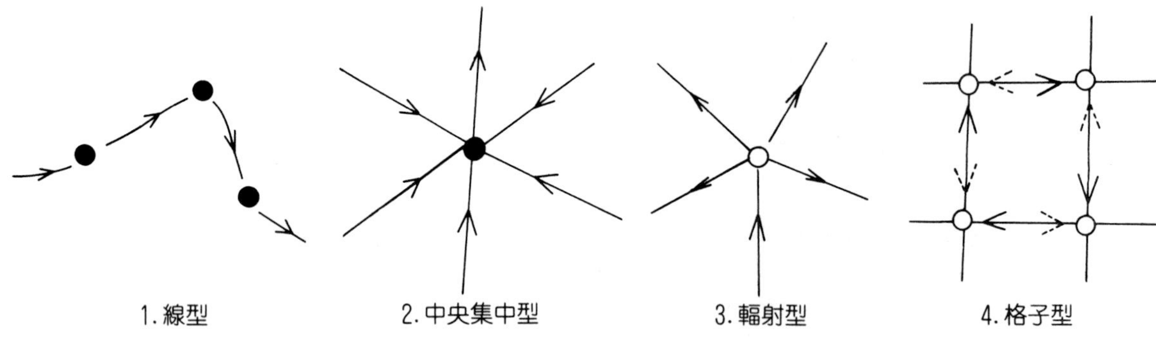

1. 線型：最單純、清楚的動線型態，於一般展示場合經常可見，其優點是易明瞭、有秩序感。但其缺點是當其中某處形成瓶頸時，也許是流量設計不當或某展示物吸引參觀停留較久時，則會擾亂整個行進的秩序，參觀者無其他路徑可選擇之故。
2. 中央集中型：即以多數路徑朝集中點而入，少數或單一之路徑而出的動線型態，是滙流式的動線規劃。
3. 輻射型：與中央集中型相反地有多數的路徑遠離，而少數或單數之路徑進入，可說是分流式的動線規劃。
4. 格子型：各路徑間形成雙向或單向之格子狀。

上述四種動線基本型態於展示活動中常混合運用，例如：主參觀路徑以線型作規劃，格子型動線用於展示內容較多之展示項目間，中央集中型之外出路徑連接展示之出口，輻射型動線之進入路徑則來自展示之入口等等，可視展示之需要而作靈活之搭配與運用。

3-5 展示媒體要素

展示媒體之媒體，指的是一種廣義的「物」，即展示活動中藉以傳達資訊之各種「事物，事象」者。它可能是一些物品，如影像、實體模型……，也可能是一些現象，如感覺、氣氛……，都是展出者依其目的所創造、製作出來的。不過依其扮演的角色之不同，我們可以大別爲二類：一是用來傳達展示資訊的部分，我們稱之爲展品。另一類是用來幫助參觀者達到參與目的的部分，我們稱之爲輔助設施。

一、展品

概括地說，展品的主要機能就是發出資訊予參觀者，使其經由參與過程中獲得展出者之理念、信息。除此之外，展品還會具備下列之機能：

- 吸引參觀者
- 持續其注意力
- 再生參觀者之知識
- 喚起參觀者之反應
- 接受參觀者的回饋意見

然而並非每項展品都能同時具備上述之各機能，端視展品之形態與展出方式而定。一般而言，就展品之展出方式來區分的話，可分成下述五類，提供參考：

1. 靜態式：展示品是靜置不動的，其發出之資訊亦是固定不變的如常見之展示圖板。

26

26

靜態展示

圖爲瑞士之海報柱

2. 動畫式：展品具有變化性，可能是簡單的動作或複雜的卡通動畫。可以是平面紙板構成，也可能由影像機器中傳出。
3. 演示式：例如透過影像機器告訴參觀者如何作服飾的搭配變換，或是透過一個機器告訴參觀者如何作成一個罐頭之類，以實例操演的方式來展示資訊之展品。

27
動畫展示
圖為東京車展

28
演示展示
圖為示範DNA之構成

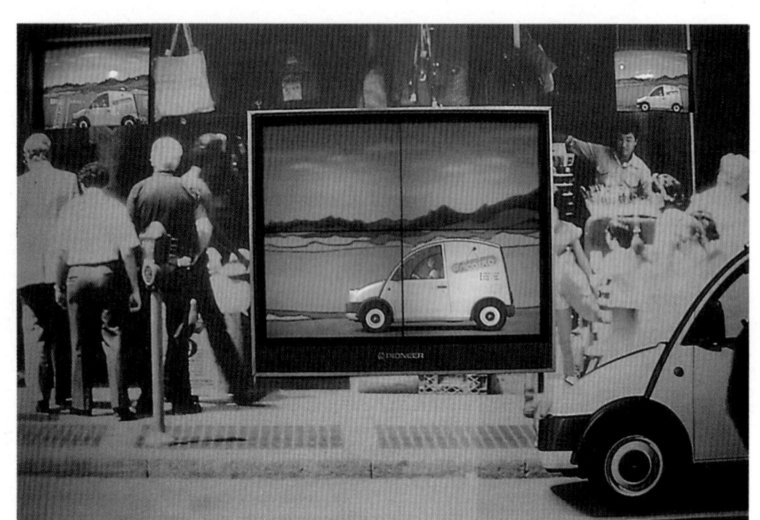

27

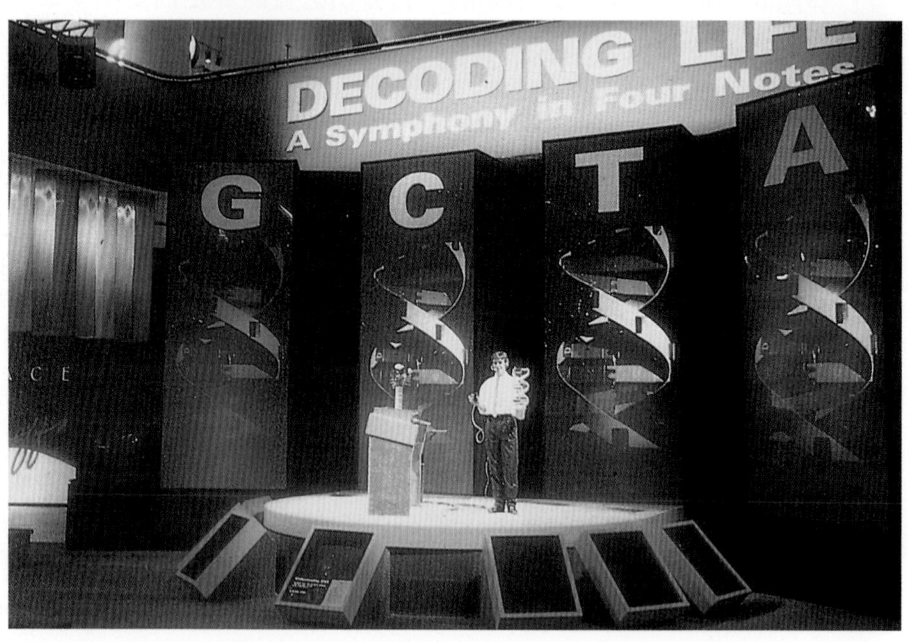

28

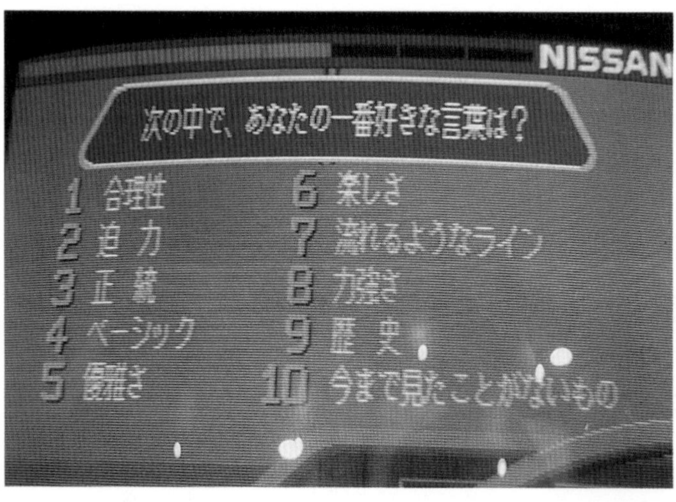

29

29

問答展示

圖爲東京車展日產館的電腦問卷

30

測驗展示

圖爲橫濱兒童科學館的反應測驗

30

4. 問答式：能與參觀者從事雙向問答之展品，例如透過電腦甚至是表演者（人）來達到展示目的者。
5. 測驗式：以測驗、測量出某種資料爲主之展品，例如測出參觀者之臂力或測出對某事之認知程度等等。

當然幾種類型同時出現之展品亦時有所見，而如以展品之物別來看，常見之型態有：圖文看板、投影設備、電腦、實物、模型、表演者……等，採用何類方式，使用何種展品，則是在展出內容、效果、經費等之綜合考量下才能作出最適當的規劃了。

二、輔助設施

輔助設施是用以幫助、支援參觀者達成參觀活動之各項設施，廣義地說可包括三大部分：

1. 維生的設施：例如空調、一般照明等電氣工事等等。
2. 服務的設施：例如服務臺、寄物櫃、休息區、紀念品專賣店等等。
3. 指示的設施：例如各種標誌、指標、導覽員等等。

而狹義地談，則僅指第三項之指示性設施。其內容大體而言包含標示事物之標誌、符號，如：標明服務臺位置性質之圖案符號、標明不准攝影之圖案符號等等；以及指示方向、方位之標誌、符號，如：指示參觀路線之符號及指示服務臺方位之符號等等。

而這二類輔助設施之媒體型態均可以視覺的、聽覺的或觸覺、嗅覺等來呈現，例如：

	標示事物、位置	指示方向、方位
視覺	以畫有禁煙圖案之標示牌標明禁止吸煙。	以箭頭圖案標出參觀方向。
聽覺	以音樂聲標示展出時間即將結束準備離場。	以播放預存錄音指出下一單元之行進方向。
其他	以香水味道標示出香水專賣櫃臺。	利用導盲磚上不同形狀之凸點來指示行進方向。

輔助設施規劃時，除了以上述感官類別作區分外，亦可以下述幾種類型來作規劃：

- **時間性**　常時性、臨時性……。
- **內容性**　狀態、狀況，警告，引導，身分，所屬，規定、限制……。

- **傳達對象**　特定對象、不特定對象。
- **設置位置**　室內、室外、聯結空間。
- **設置方式**　放置式（如桌上名牌）、建植式（如交通標誌）、突出式（如商店招牌）、吊掛式（由吊於天花板之指標）、貼付式（黏貼於壁面之標誌）。

31

31
栃木兒童科學館之賣店

32

32
野柳臺電展覽館之服務臺及地圖

33

34

35

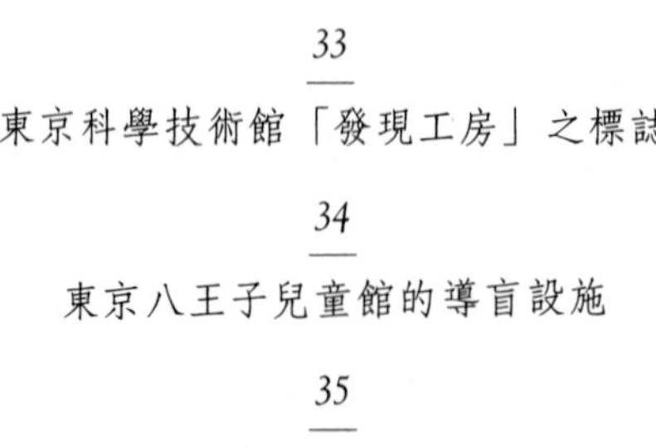

33

東京科學技術館「發現工房」之標誌

34

東京八王子兒童館的導盲設施

35

突出式的商店招牌

討論問題

1. 何謂展示規劃？展示規劃中需進行那些工作？
2. 本校有那些例行或常見的活動？如果以展示的觀點來觀察，它們分別具有何種展出目的？
3. 請以各種主題擬定手法來爲本班之「學習成果展」擬出展示主（標）題。
4. 請討論可以運用那些展示手法來展出你的作品集？
5. 請分析本校園遊會之參觀者類別與其參觀特性，以作爲下次園遊會之參考。
6. 請分析本校常用來舉辦展出、活動之場所的空間特性。
7. 請分析你臥房中各物的配置情形及你生活上的動線。
8. 請以附近一處展示場所的展示爲例，分析其展品的類型及輔助設施之種類。

第四章　展示設計的作業

4-1 設計程序

展示設計的範圍廣泛，大小的差異極大，例如一個小櫥窗的設計與一個博物館主題的設計，在份量上並不相等，但是創意卻無大小之分，即便是一個小小的指標，創意的濃淡依然立判。

既然展示無分大小都需要充足的創意，那麼無論是那一種展示，在創造的過程上必然有其共通的步驟，也就是廣義的設計程序或創造工學（Creative Engineering）。

設計的程序究竟可以分為那些步驟？各家各有不同的說法，以下是由簡至繁的幾種看法：

1. 兩階段論　最簡單的說法認為設計程序有二，首先是從種種資訊中整理出概念，其次是將概念具體地表現出來。
2. 七階段論　即將設計過程區分為以下七個階段：
   (1)認識——在解決問題之際，對問題本身的一般狀況或混亂狀況進行深入的研究。
   (2)定義——除去問題中不必要的雜質，看清問題的特性，以語言或記號明確地解釋它。
   (3)準備——收集可供解決問題的可能素材，掌握足夠的資訊。
   (4)分析——將資訊分類整理，列整其特性，決定各資訊對整個問題的相關。
   (5)綜合——將種種資訊的特性與構想及問題連結在一起，並採用增進連結效率的技術。連結之際不必定是有意識的思考，在潛意識中蘊育也常得出結果。
   (6)評估——評量各種解決方法的優劣，決定或選擇一種解法。在評估之時運用許多評估系統。
   (7)提出——最後提出的構想若不能得到認可而實現，那麼便失去構想的意義與價值。

3. 十一階段論　將設計過程更細分爲以下11個階段：

(1)認識——理解問題發生的背景與內容。

(2)解析——收集相關資料並加以分析。

(3)概念——有組織地整理出問題解決的可能方向。

(4)構想發展——設想各種解決方案。

(5)檢討——考量各解決方案的長處與短處。

(6)評估——選擇最佳方案。

(7)綜合——彙整解決方案。

(8)提出——向相關人員提出並說明解決方案。

(9)評估——決定是否執行。

(10)細部設計——解決實際執行時將會碰上的諸問題。

(11)執行——確認將可進入製作階段，設計師暫可放手。

上面的幾類程序真正落實到展示設計上時又可以整理如下：

1. 橱窗：因爲橱窗展示的時間較短，更換頻繁，整個設計流程也較短，約在 1 個月左右，一般設計與製作是同一組人。

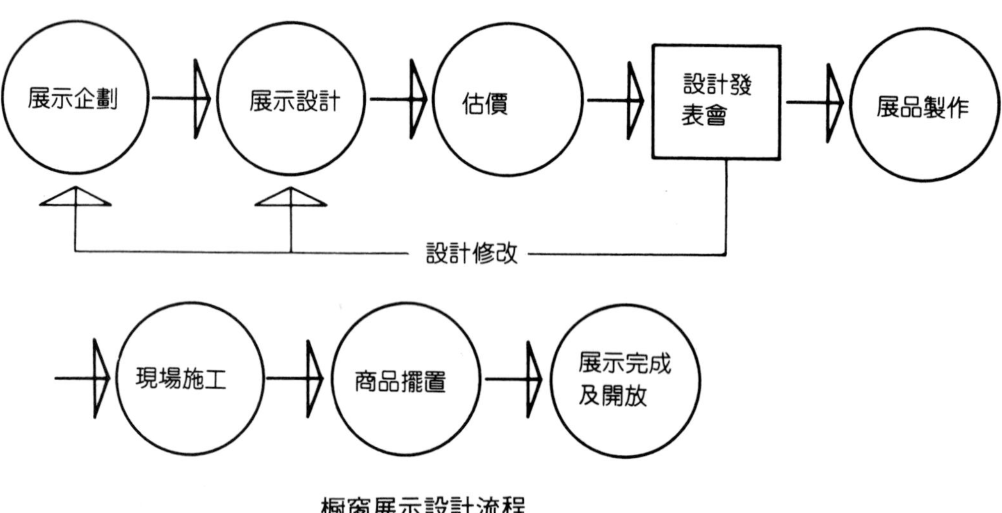

橱窗展示設計流程

2. 商店：大型商店與小型商店規模相差極大，設計所需費時亦不同，但程序大致如下：

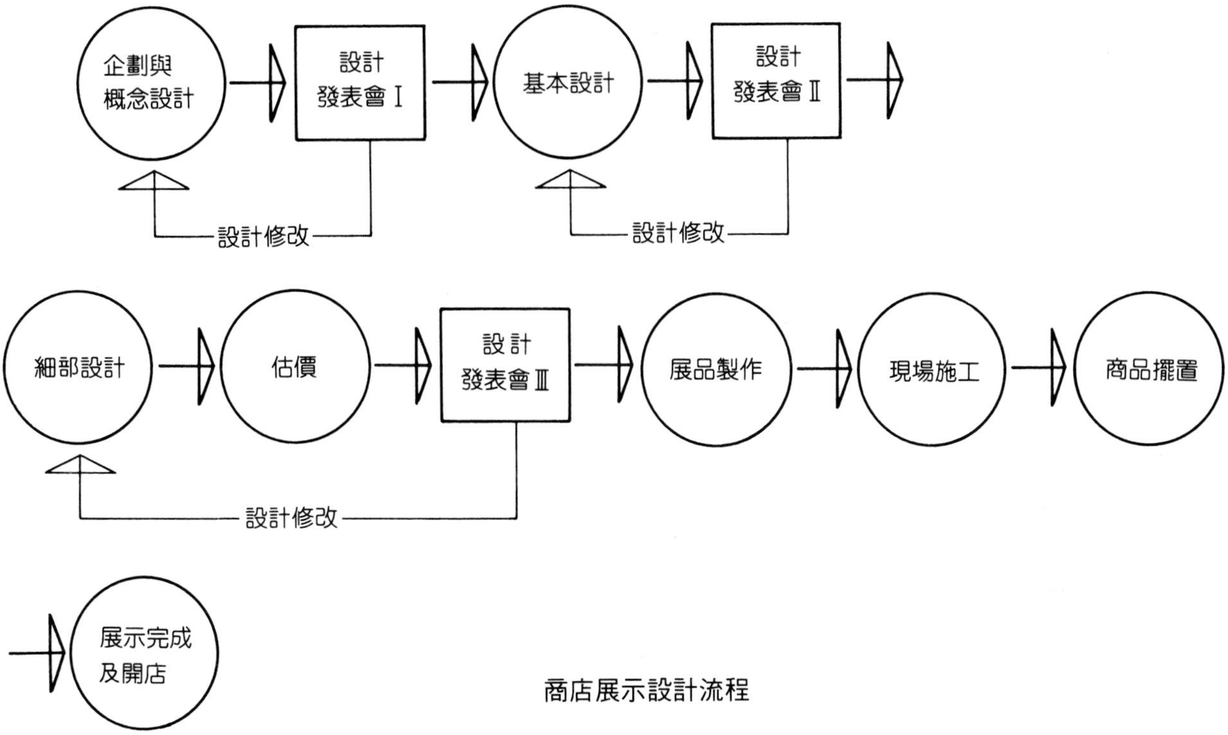

企劃與
概念設計
設計
發表會 I
基本設計
設計
發表會 II
設計修改
設計修改
細部設計
估價
設計
發表會 III
展品製作
現場施工
商品擺置
設計修改
展示完成
及開店

商店展示設計流程

3. 展覽會：展覽會的規模也有大小之別，時間長短也不同，進場施工還需和大會配合，比起商店展示，條件更複雜些。

計畫說明
企劃與
概念設計
基本設計
估價
設計
發表會 I
設計修改
會場調配
細部設計
估價

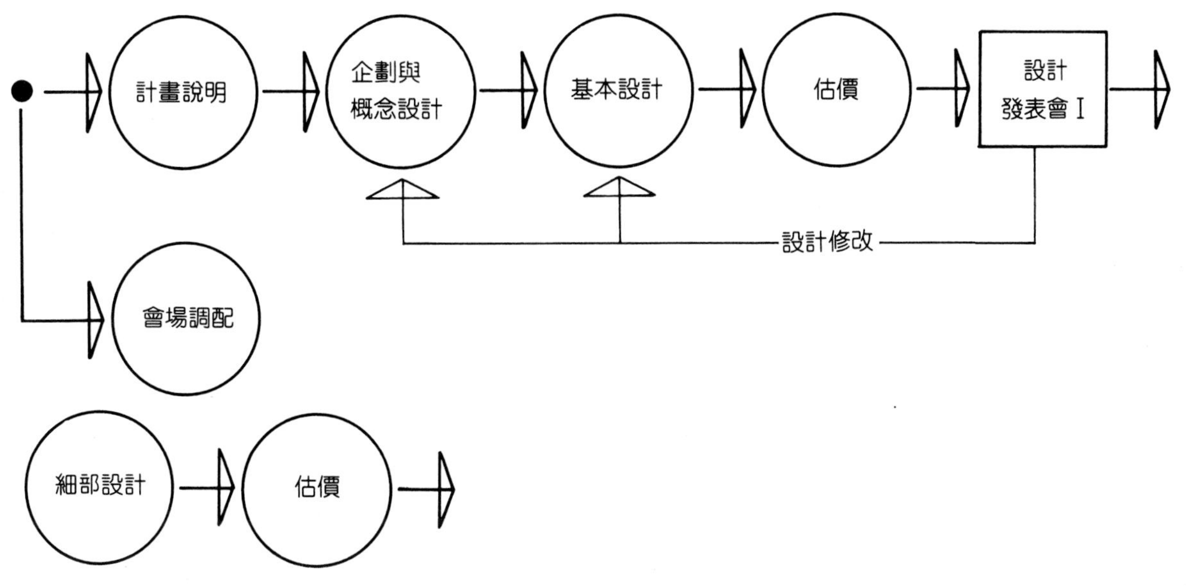

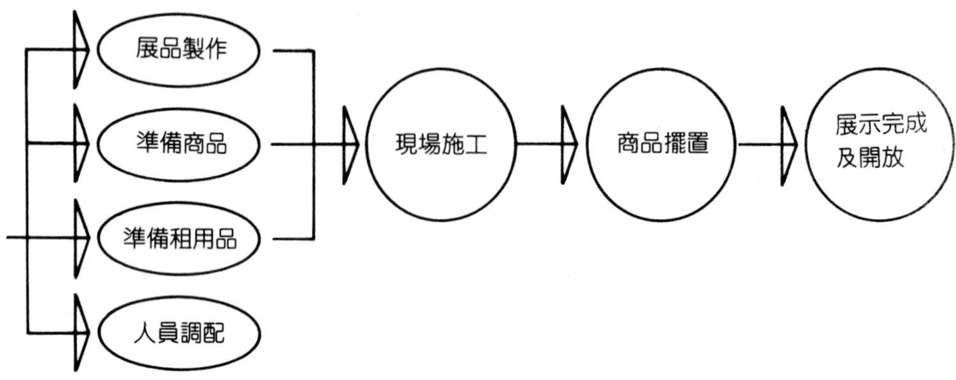

展覽會展示設計流程

4. 博物館：博物館展示因爲資訊量大，設計前期的資料收集、調查、整理、分析等便需要相當的時間，一般而言由設計到完工都在 3 年以上時間。其中建築施工進度的配合尤其重要，因爲建築物若不完工將無法提供現場水電空調供展示製作者進場安裝。

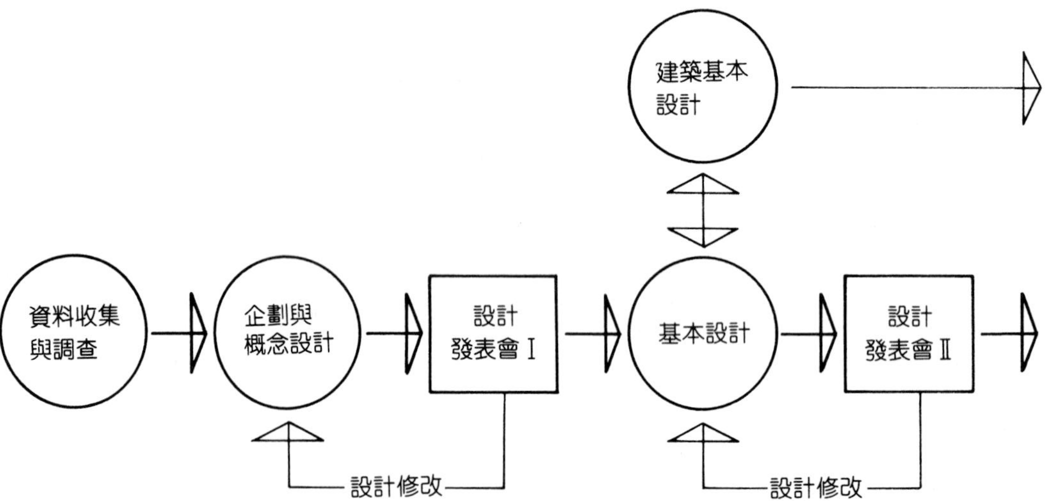

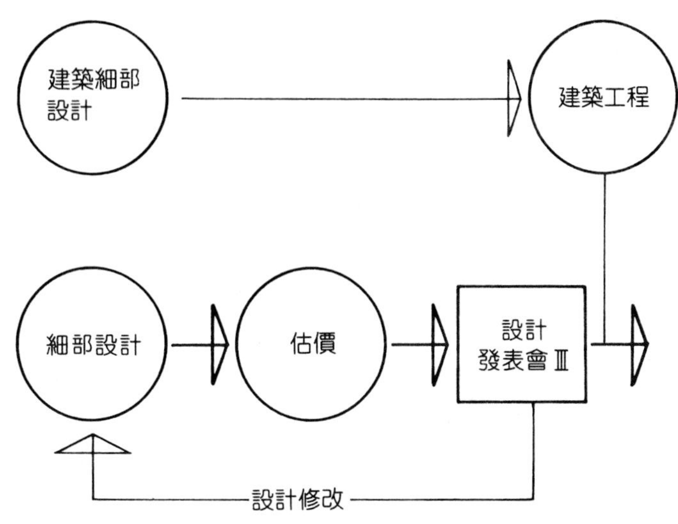

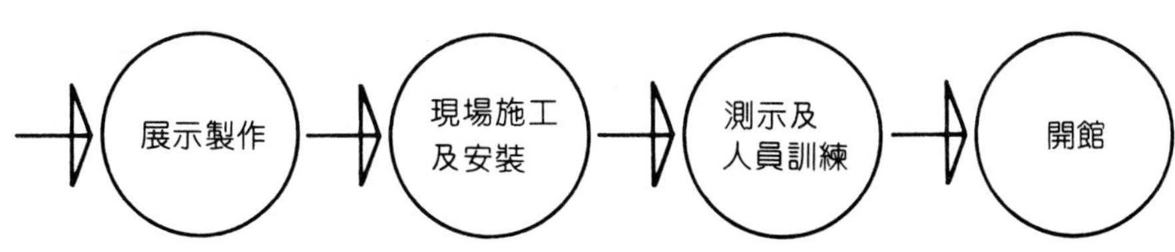

博物館展示設計流程

上述程序中仍然有許多共通的地方，而隨著規模的大小及資訊量的多寡，設計過程中需要發表會的次數亦隨之增減。

• 概念設計

在各種設計中，概念設計往往是決勝的第一點，因此特別說明概念設計的意義。

概念是什麼？是如何形成的呢？心理學方面對「概念」一詞有不少解釋，試舉如下：

1. 當一個符號代表一組具有共同特性的事物時，我們說它指示了一個概念。

2. 概念是在某個層次上分類整理所得的東西。
3. 概念是吾人認識事物及分類事物的心理基礎。

從上面解釋來看，概念的操作型定義可以如下：

「概念（concept）是人對事物的認識過程中，以同類事物的屬性（attribute）或特徵（feature）爲基礎，進行分類辨識（即類化與區辨）的心理歷程所得到的一種記號性結果。」

因爲有概念，人腦才能進行思考，才得以完成對客觀事物間接性的、概括性的反映。

從認知心理學上訊息處理論的觀點而言，吾人在將周圍事物當做訊息來處理時，在編碼與貯存的過程中，就是將收受的訊息按概念來分類處理的，因此在認知心理學上有時將概念形成（concept formation）與分類（categorization）視爲同義詞。

換句話說，從事概念設計即是在尋找新的概念，亦即是在尋找新的「分類方式」。如果對於事物，我們能突破既有的，已固著化的概念（分類方式），找出（或創造出）新的分類，便代表我們已接近於找到一種新的概念，新的觀點。

在展示設計的範疇中概念設計占有十分重要的地位，因爲展示的意義在於顯示別人所未知的事物或重新詮釋已知的事物。對於未知的事物設計者必須找出容易理解的路徑，不能採用生硬的方式令人排斥，亦即須要新的解釋；對於已知的事物設計者必須挖掘其與人的關係，找出新鮮的觀點。因此這兩種展示能否吸引人，首先要看是否有新鮮的概念設計。

舉例來說，某汽車公司要企劃一個展覽，它從「車輛的世界」這個觀點著手，在所有交通運輸工具中，將車輛所扮演的角色，以「動」爲中心概念展示出來，建構整個展示的形象。再由自然、人、社會三方面來捕捉「動」的含義，更以「只有人類才有自由依自己意思而動」這種兒童都能理解的說明來強調「動」的社會性。這個展示的概念設計即是建立在移動與自然、人、社會的關係上。

4-2 展示設計的手法

設計師當中除了建築師之外很少有執照制度，因爲設計的價值主要在於創意，而創意卻不一定非設計師不可爲。創造之意在於求新、超越過往的想法，因此設計的手法不斷翻陳出新，實在並沒有固定下來的一天，固然可以從形態等區分出特殊而被普遍使用的種種手法，卻不能認定展示設計或其他設計就只有這些可能。隨著技術與觀念的改變，明日的手法必定有超越和不同於今日的時候。以下舉出的種種手法不見得能一網打盡展示設計，設計者也不該爲其所限，但這些卻是這一行業中常見的術語，有理解之必要。

爲方便起見，以下依英文字母順序逐項說明各種專門手法。但基本上以商業性展示爲主，教育與文化空間的展示手法請詳見第九章。

1. 動畫展示（animated display）：使用動畫的展示或具有動畫般動作表現的展示。其中的動作可以超出現實可能性而表達特別的趣味及意外的感覺。

1

1 動畫展示 圖爲橫濱博覽會之大型動畫影片

2. 分類陳列展示（assortment display）：將商品以某種基準加以分類整理而陳列的展示，是櫥窗展示常用的手法之一。

2

2
—
分類陳列展示
圖爲奧地利格拉茲之櫥窗

3. 直接貼付商品展示（attach-to-merchandise display）：在商品上直接貼付廣告詞的展示。

3
—
直接貼付商品展示

3

4. 小間展示（booth display）：展覽會中，在被賦予的特定空間中所進行的展示。

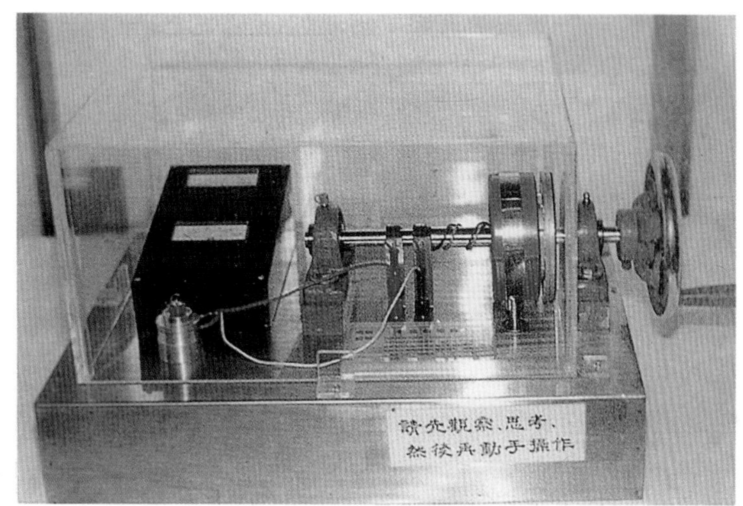

4

4
小間展示

5

5
臺灣科學教育館的展示
刻意做成易於搬運的移動展示

5. 移動展示（caravan display）：以大型車巡迴各地的展示，必需事先計劃好展開與收藏的合理方式。

6
包裝箱展示

6

6. 包裝箱展示（carton display）：商品的包裝本身可直接利用或經過簡單組立後可以成爲店頭展示，而無需拿出商品的手法。

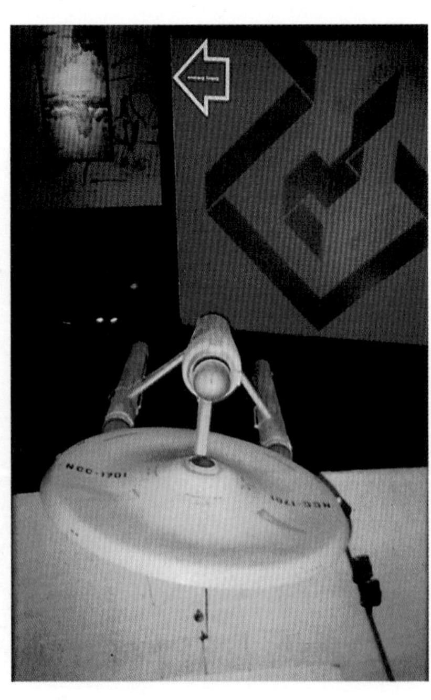

7
天花板展示
圖爲華盛頓航空太空博物館

7

7. 天花板展示（ceiling display）：以天花板爲背景的展示，例如從其上吊下展品等。

8. 挑戰式展示（challenge display）：以己方商品的優勢對競爭對手提出挑戰的展示。
9. 360° 電影展示（circulama）：華德迪斯耐公司所開發，最早使用於迪斯耐樂園，具有全圓周 360° 銀幕的影像展示系統。觀眾在觀賞時須繞首而視，產生獨特的氣氛。

8

8 — 360度電影的說明圖

9 — 飲食店中利用轉角所做的角隅展示

10. 角隅展示（corner display）：利用角落空間做展示的手法。

9

11.零售便利展示（dealer incentive display）：將商品與商品展售專用臺一次提供給零售商，一方面減少零售商的負担，一方面可統一商品銷售時點之意象的展示。

12.透視造景（diorama）：將某個場景在一定的框框內以透視法重新顯現的展示。乃 1789 年法人塔格爾最早設計，多用於博物館展示。與全景造景（panorama）鳥瞰縮小的全景模型相比，透視造景一般是針對特定場面取觀眾視高。

10

10

透視造景

圖爲和歌山自然博物館展示

13.自動販賣展示（dispenser display 或 gravity feed display）：商品取出時因重力關係而自動補上的自動販賣機的方式。

14.雙面展示（double face display）：展示板的兩面都有訊息的展示。

15.動態展示（dynamic display）：展示本身的全部或一部可以做動作變化或者雖不可動但在視覺上有動感的展示。

11

動態展示

圖爲東京科學技術的熔礦爐展示

12

生態展示

圖爲波士頓科學博物館

11

16. 生態展示（ecological display 或 habitat group）：類似全景造景的作法，以模型及標本表現某一生態地區的動物、植物及地質的手法。

12

17.實驗式展示（experiment display）：科學中心中常用的手法之一，由表演者或參觀者操作實驗以觀察結果的展示手法。

13

實驗式展示

圖爲東京瓦斯館的液態瓦斯實驗

14

開放式展示

13

14

18.開放展示（exposure display 或 open display）：商品的展示形式使顧客可以自由接觸的展示。

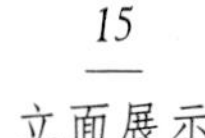

15

立面展示

16

商店前列展示

15

16

19. 立面展示（facade display）：商店前面包括建築的正面、標誌、櫥窗、入口、遮陽棚或雨棚及照明等構成要素在內的展示。
20. 商店前列展示（facing display）：在商店中陳列在通路最前列的展示。

21.彩板展示（flash card display）：體育場或體育館的看臺上手持彩色板整齊入座，利用彩卡的變化形成文字或圖案的展示。

22.地板展示（floor display）：利用地板面展開的展示。

17

17

地板展示

圖爲八王子兒童科學館前庭

23.人形展示（gymnastic display）：將人當成造形元素，在廣場上排列出文字或圖形的展示，往往也配合音樂而變換造形。其中手持彩板的另稱爲彩板展示。

24.大廳展示（hall display）：利用大廳的空間而展開的展示。例如在百貨公司挑空的大廳或在劇院入口大廳。

25.吊掛展示（hanger display）：從上方吊掛下來的展示。POP 廣告中十分常見。

26.島形展示（island display）：展示空間爲道路所包圍，形成像小島般獨立狀態的展示。因爲由四方都可看見乃成爲商店設計的重點。

18

19

20

18
大廳展示

19
電車中的吊掛展示

20
島形展示

27.雜品展示（jumble display）：在展示櫃上將商品任意丟入，堆疊一起的展示手法。

21
雜品展示

22
叢林展示

21

22

28.叢林展示（jungle display）：在像叢林般組合的展示架上任意、自由的陳列出商品的手法。

29.液晶展示（liquid crystal display）：利用液晶顯示的展示。液晶會隨溫度變化或電壓變化而產生不同的干涉色，這個特性可以利用在展示上。

23

24

23
液晶展示
圖爲新宿街頭的環境品質訊息

24
量感展示

30.直接展示（live display）：商品在商店中的樣子直接透過攝影機呈現的展示，有未經修飾、太過直接之意。

31.磁鐵展示（magnet display）：利用磁性使展示吸付於店內構架或家電用品上的POP手法。

32.機電裝置展示（mechanical display）：利用電力或電池使展示成爲可動裝置的手法。

25

機電裝置展示

圖爲八王子兒童科學館的電磁效應展示

25

33. 量感展示　mass display 或 volume display）：開放展示的一種，經由大量的陳列傳達豐富感、便宜等印象的手法。

34. 鏡效展示（mirror work display）：利用數面鏡面，配置不同角度及位置以提高視覺效果的展示。

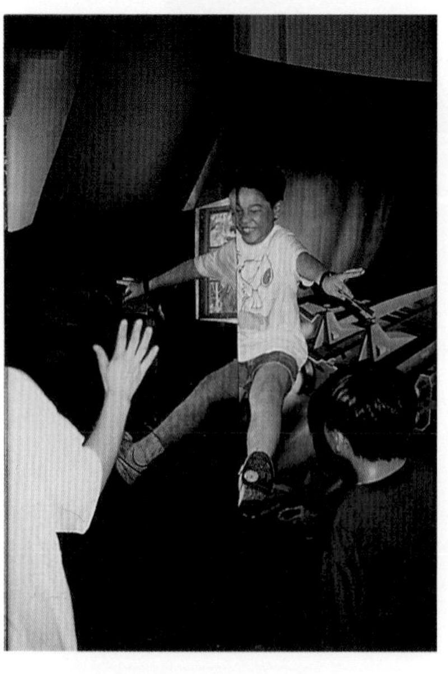

26

26

鏡效展示

圖爲小叮噹科學園

35.自力動態展示（mobile display）：只利用一點點風力便可不斷運動的展示，它沒有電力，但是巧妙地運用重力平衡而製成，有吊掛式與站立式兩類。

36.可動展示（motion display 或 moving display）：展示中加入動作者。

27
自力動態展示

27

28

28
可動展示

37.多用途展示（multiple purpose display）：可以在櫥窗、天花板、吊掛、牆面各處使用的展示。POP上比較常見。

38.重點展示（one point display）：在展示空間中特別設置一處展示，其內容與造形都最富有重要意義的手法。不僅成爲空間收斂的地方，其表現力也最強烈。

29

29

重點展示

39.外裝附贈展示（out-pack-shipper display）：自助店的POP的一種，附贈部份表示在外，與商品成一整體的展示。

40.裱板展示（panel display）：利用裱板而製作之展示。

41.全景造景（panorama）：在展場內部四周以繪畫、模型等做出寫生般的景色，令人有由展望臺向外望的感覺，其實是實景縮小而採鳥瞰的結果。

42.針掛展示（pin-up display）：以大頭針等將海報等固定於牆上等的手法。

30
加州科工館的褑板展示

30

31

31
東武鐵道博物館的全景造景

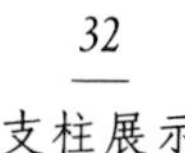

32
支柱展示

32

43.支柱展示（pole display）：利用柱型支撐物所做的站立型展示。

44.促銷展示（promotional display）：在一定促銷期間所提出之展示。一般在年節或換季時才有。

45.棚架展示（rack display）：利用棚子、棚架製作之展示。用意之一乃以棚架之粗略襯托商品之美，另則一方面當儲存架一方面當展售用。

46.影像展示（reflection display）：利用影像的展示。1967 年蒙特婁博覽會之後逐漸興盛，目前影像展示的系統已經有極多種，影像展示不再只是視覺的對象，而成爲全方位感覺的體驗空間。

47.迴轉展示（revolving display）：呈圓形迴轉運動的展示。

33

33

橫濱博覽會芙蓉館的影像展示預想圖

34

34

東京車展上有許多利用旋轉盤的展示

48.關連展示（related display）：具關連性的展品彙整一起的展示。

49.自由選擇展示（self selector display）：商品的陳列使顧客得以自己任意選擇的展示。

50.服務性展示（service display）：積極爲顧客提供服務的展示。商品不只是陳列在該處而已，更設法使人明白其性能水準。例如買電池時另附可以測量電力的東西。

51.棚下説明展示（shelf talker display）：把具有POP廣告功能的東西插在棚架上，廣告詞垂於下方的展示。

52.店頭展示（shop front display）：在商店前頭所做的展示。

35

35
自由選擇展示

36
店頭展示

36

53.說明卡展示（show card display）：利用卡片說明商品特性及價格，放在商品上或鄰近的展示。

54.櫥櫃展示（show case display）：將商品陳列在玻璃櫃中的展示方式。

37

37 說明卡展示

38

38 櫥櫃展示

39

39

空中展示

40

驚巨展示

圖爲橫濱博覽會的葛利佛館

40

55.空中展示（sky display）：在空中使用的展示。可能利用飛機、飛行船、廣告氣球等。

56.留痕展示（slot display）：slot 是鹿的足跡，在量販店中商品擺得滿滿的不留空隙，此時故意卸下其中一件，留下剛被買走的暗示，彷彿雪中鹿的足跡。這是刻意引人注意的展示手法。

57.驚巨展示（sore thumb display）：因爲形狀奇特、巨大使人大吃一驚的展示。

58.音聲展示（sound display）：參觀者的動作啟動音樂或錄音的展示。

59.定點觀覽展示（spot display）：參觀者站在一定點往四周觀覽的型態的展示。

60.堆疊展示（stacker display）：將商品堆積如山，再使廣告卡掛在上面或突出於前面的手法。

61.平臺展示（stage display）：在商店中將部份地板加高形成平臺以展示、陳列商品的手法。

41

41
平臺展示

62.街道展示（street display）：以街道為對象的展示。在某特定期間賦予街道一些變化，也是促銷的手法。

63.偏光電飾展示（technamation display）：使用電動偏光板表現動態的展示。圖解流程圖的展示上最常見。

64.主題展示（theme display）：具有主題的展示。博覽會會場入口附近或中央地方往往有主題館，做為博覽會的指標與主題說明展示。另外大型博物館也往往分出許多主題來舖陳展示。

42

42

街道展示

43

偏光電飾展示

圖爲東京科學技術館

鋼鐵製程展示

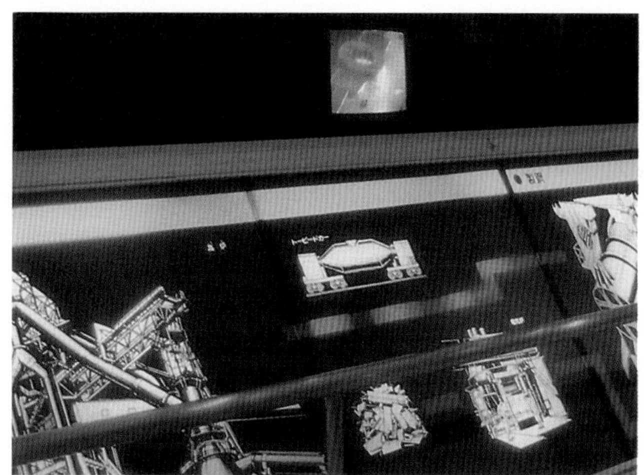

43

65.意象象徵展示（token display）：櫥窗展示的手法之一。不以商品陳列爲主，而訴諸意象，以吸引人注意爲優先的展示。

66.巡迴展示（traveling display 或 itinerant display）：到各處巡迴的展示，設計上須注意能重複使用。

44

44

意象象徵型櫥窗展示

67.推車展示（wagon display）：在手推車樣子的展示架內展示，是量販店在空間中表達輕鬆愉快意象的手法。

68.櫥窗展示（window display）：在商店面對公共空間的窗戶部份做展示，以吸引路人注意的展示。

4-3 展示設計評量

• 設計評量的意義與分類

展示的評量（或設計的評量），其目的是獲得資訊以作爲展示改善的依據，但是展示所評估的往往是心理量而非物理量，本來就比較難以量測，再加上是由人來執行心理量測，在過程中難免有許多主觀的摻入，使評量成爲一件複雜的事。

雖然如此，為了改善展示仍不得不在許多時候進行許多種不同的展示評量，也的確存在一些方法可以幫助我們獲得較可靠的數據。

展示評量依評量方法的精確與否可以分為正式評量（formal evaluation）及非正式評量（informal evaluation）兩種。正式評量乃是以有系統而精確的方法來評估，事先經過詳細的設計，由受過相關訓練的人來執行，如果方法沒有錯誤而且數據解析時沒有偏見，往往可以得出可靠的結論。非正式評量則不經精確控制，使用了大量的直覺與主觀，沒有大費周章的準備與計算，較省時省力，但缺點是不一定可靠。事實上設計師在設計過程的每個需要抉擇的時點上都做了非正式的評量，在影響因素太多的情形下，評量與選擇似乎需要很大的智慧或俗稱的才華。

展示評量依評量者的不同又可分為設計者的評量、業主的評量及參觀者的評量等 3 種，或者簡化為展示提出者的評量與參觀者的評量。換言之，是發訊者的評量與收訊者的評量。雖然展示提出者在提出之前至少有非正式的評量，但是與參觀者的評量卻不一定一致，甚至產生認知的困擾，因此展示提出者的評量過程中應儘量導入參觀者參與評量，才能減少彼此的差距。

展示評量依評量內容的廣博或專深可以分為整體性評量（或稱巨觀的評量）及部分性評量（或稱微觀的評量）。

整體性評量在實施時傾向於調查①參觀者在面對展示時會發生什麼事，②參觀者在觀看或參與展示時是否獲得展示設計者認為可以獲得的知識或情意，亦即有關整體展示方針的問題。

部分性評量則在實施時傾向於調查①各個展示裝置的問題，例如選擇電腦多媒體做為展示媒體時其教育效果如何。②檢討說明文、說明圖等的詳細設計是否恰當。

展示評量依評量時點在全案時程中的先後不同，又可分為形成前評量（Front-end Evaluation），形成期評量（Formative Evaluation）及總結式評量（Summative Evaluation）等 3 種。如果將展示計畫分為規劃、設計、製作、安裝測試、維修等五階段的話，形成前評量是在規劃初期所做，形成期評量是在設計階段所做，總結式評量則是在開放後所做的評量，示意如下圖。

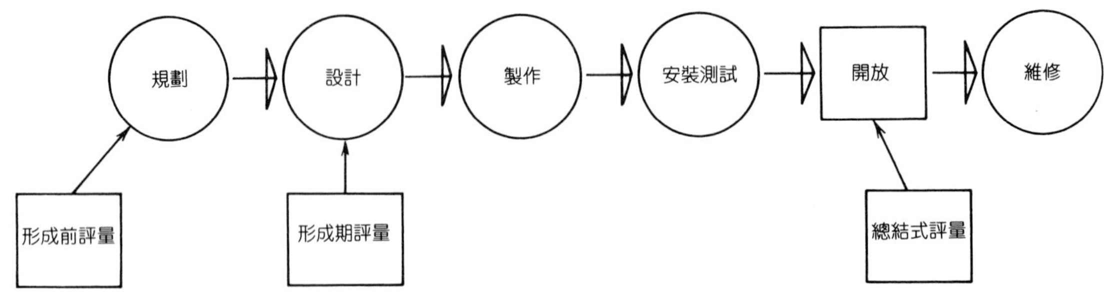

1. 形成前評量：形成前評量是在展示成形前對展示計畫所做的評量，亦即在設計案初期評估由市場調查或腦力激盪等方法所獲得的資訊。其目的是在決定一個正確的方向，並且在錯誤發生之前便先認清它、解決它。例如透過市場調查可以找出目標觀眾的消費觀有何改變，他們的興趣在那裡等。非正式的形成前評量需要豐富的經驗與知識，因爲在設計案初期，展示計畫的問題點尚難確認，必須借用已有的研究成果或經驗談，例如「如果在展示中利用特定例子解釋某一般原則時，大多數觀眾會將該展示解釋爲那個特例的說明。」是大英自然史博物館的研究結論。實施形成前評量的好處是在尚未投資過大之前提出計畫修正案，可以避免浪費。但是相對的，在問題尚未浮現之前如何評量則是一項難題。已完成之展品便於評估，尚在計畫中的展示概念就不容易評量了。
2. 形成期評量：形成期評量是一種預測分析，在展示開發的過程中評量某個展示傳達設計者預設的訊息的能力。一般的做法是先完成 1 比 1 大小的實驗模型，然後請被取樣的觀眾來測試。如果調查結果展示的傳達能力並不理想的話，便要檢討如何能夠改善。就展示設計師的立場看，他會希望形成期評量又快又便宜而且能得到做爲設計改良的重要資訊，因爲設計案的時間與經費都是有限的。爲了使調查又快又好又便宜，首先要有確實而良好的調查計畫，其次在調查的設計上可以放置數個展示並由數個觀眾羣做比較調查，如此可獲知那項展示最獲人望，不同特性的觀眾羣對那些展示比較有效等。形成期評量的好處是能早期發現錯誤之處以便謀求改善之道，但形成期評量往往可用以確認何處是妨害正確傳達訊息，或引起誤解、造成失敗的關鍵，卻不一定能明確指

出如何改善的方法。

3. 總結式評量：總結式評量是在展示已經設計製作完成後所做的評量，其目的是要得知觀眾的興趣、喜好、動機，以及展示的吸引力、魅力等。換句話說，即是對展示及觀眾做總結式的評量。評量獲得的結果可以做爲未來展示開發及設計的參考，如果能仔細建立展示與觀眾間互動關係的理論，將能應用於展示設計程序中。

• 展示設計調查的方法

評量可以使用的技術非常多，必須依評量的目的來做選擇，以下是一些展示方面可以借用的、常見的調查方法：

1. 收集原始資料的實地調查法　在展示規劃初期爲獲得有關目標觀眾的想法、意見、意圖等的資訊，一般以抽樣的方式進行實地調查，以做爲展示計畫的指引。實地調查主要有詢問法、觀察法與實驗法三種。

⑴詢問法——這是一般進行資料收集的市場調查法中最常見的方法，詢問的方式有下列四種：

①人員訪談：直接訪問，當面收集資訊。

②電話訪談：透過電話詢問以取得資訊。

③集體訪談：同時同地訪談一羣人。

④郵寄問卷：以郵寄或其他方法將問卷送交受訪者，答好後寄回。

在進行訪談時常常也備妥問卷，以便易於將收集到的資訊編碼及標準化。

⑵觀察法——觀察法不同於詢問法，基本上並不直接提出問題要求回答，亦即只觀察而不詢問。因此觀察法大致上較客觀而正確，但也較費力與費時。觀察法與詢問法都有其適合之情況，有些事不容易詢問出來，例如參觀者停留在某特定展示前的時間，如果詢問參觀者自己則不容易說出（根據一項研究，參觀者常常高估他停留在某博物館展示前的時間）；有些事則不容易觀察出來，例如過去的記憶。

觀察法在設計之時還須考慮以下三點：

①使用儀器觀察還是人眼觀察：可以使用的儀器包括攝錄影機、眼球相機（eye-camera）、心理電波計（psychogalvanometer）等，儀器觀察與人眼觀察也可併用。

②採直接觀察或間接觀察：直接觀察是對觀察對象做直接的觀察，間接觀察則不針對對象而觀察其痕跡。例如觀察展示廳中地毯磨損的程度，可以明白參觀者在該展示前駐足的情形，從而推論該展示受歡迎的相對程度。

③採自然觀察或設計觀察：自然觀察是觀察者不影響觀察對象，不成爲事件中的變數，設計觀察則刻意安排情境再觀察之。

(3)實驗法——實驗法是在控制和改變某些條件（一個或一個以上的變數）的情況下，促使一定的心理現象產生，從而揭示該現象發生的原因或變化的規律的一種方法。

爲了正確測定控制變數的效果，一般將受測者分成控制組（control group）與實驗組（experimental group）來對照，前者是不接受實驗變數即未受到實驗處理的一組，後者則是接受實驗變數即受到實驗處理的一組。舉例來說，如果相同圖文內容的展示，實驗組增加了電腦繪圖的影片協助展示，那麼便可以於後來測驗兩組對展示內容的認知上有否顯著的差異，從而判斷電腦繪圖影片對展示認知的影響。

2. 事前調查：事前調查是在形成期評量時所做的調查，在設計階段尚未付諸製作及公開前對觀眾所做的反應調查。依執行方法的不同又分以下三種：

(1)意見調查法——將展示設計圖或模型呈現於受測者面前，詢問其意見。爲了得到較明確的優劣比較，可以同時提出多件，請受測者評定順位，如果數量很多，則可採兩兩比較以評定名次。這個方法較適合櫥窗或平面展示，立體的展示裝置則不適合，因爲一般受測者不易從平面圖中掌握立體感覺，而模型製作多個亦嫌浪費。

(2)儀器測驗法——即利用眼球相機、心理電波計等儀器來測量受測者觀看展示圖或模型的反應，而推測展示的效果。和意見調查法一樣，儀器測驗法也較適合於平面展示。

(3)原型試驗法——是事先完成一組特別的試驗模型〔對設計者而言這是一個原型（prototype）〕，再抽樣調查受測者對原型所欲傳遞的訊息內容認知的情形。大英自然史博物館曾對人體生物學展示廳中的「活細胞」單元做過原型試驗（配合問卷調查），分析結果發現有時候觀眾會將某些試驗模型解釋得背離原意。

3. 事後實效調查：實效調查是展示公開後在總結式評量中所做的調查，目的是要明白展示對商業進行或教育與文化活動的功用，並找出可供改善的資訊與概念。依實施方式的不同又可分爲以下三種：

(1)紙筆測驗法——通常用於教育性展示上，目的在明白觀眾究竟學到了多少，因此調查前須事先設定教育目標，即要觀眾從展示中獲得多少程度的認知。

(2)銷售量調查法——通常用於商業性展示上，在展示公開後調查銷售額有無增加的方法。但影響銷售的因素太多，不容易計算展示部分的貢獻度有多大。

(3)記憶調查法——性質類似紙筆測驗法，但適用於商業性與非商業性展示。方法是詢問曾接觸過該展示的人記不記得展示的內容。

4-4 展示設計的溝通方法

• 展示設計的溝通對象

展示設計簡單說，是從展示目標中抽取概念與意象，再將其全體呈現的分析與創造行爲。在這個行爲過程中設計師將繪製許多圖面並製作模型，這些的目的即是爲了進行溝通，而溝通的對象至少有以下幾種人：

1. 與設計師自我溝通：在腦中思考的想法與點子若不設法記錄下來有可能在轉瞬間消散而不復記憶，爲了減少記憶的負擔遂儘快畫下來或刻出模型來。而畫下來或刻下來的東西隨即成爲獨立的孩子，設計者在眼中與它們對話，刺激出更加不同的設計。

2. 與同事及行家溝通：將自己的想法請教行家以便獲得意見或認同，這時候並不需要精密描寫的圖面，草圖便已足夠。
3. 與業主溝通：業主雖有可能是外行人，但他具有決定性的力量，爲了更容易令人理解，也爲了獲得贊同，在設計發表進行溝通時往往使用較精緻的圖面和模型。
4. 與製作業者溝通：展示設計完成後的下一步驟即是展示製作。一般而言製作業者擁有與設計師進行良好溝通的能力，例如製圖圖面的讀取。而他們所關心的多爲製作安裝方法、材料、成本及工期等。設計師必須提供充分的圖面，才能使製作業者不致搞不清楚。

• 溝通的手段

不論溝通的對象是誰，展示設計上所使用的媒介不外 1. 設計師的解說（口才），2. 圖面說明，3. 模型示意。以圖面及模型而言，在展示設計的不同階段中，實際上有各種不同程度的表達方式。下表即是在設計程序中各階段所使用的圖面與模型的一例，各設計公司做法會略有不同。

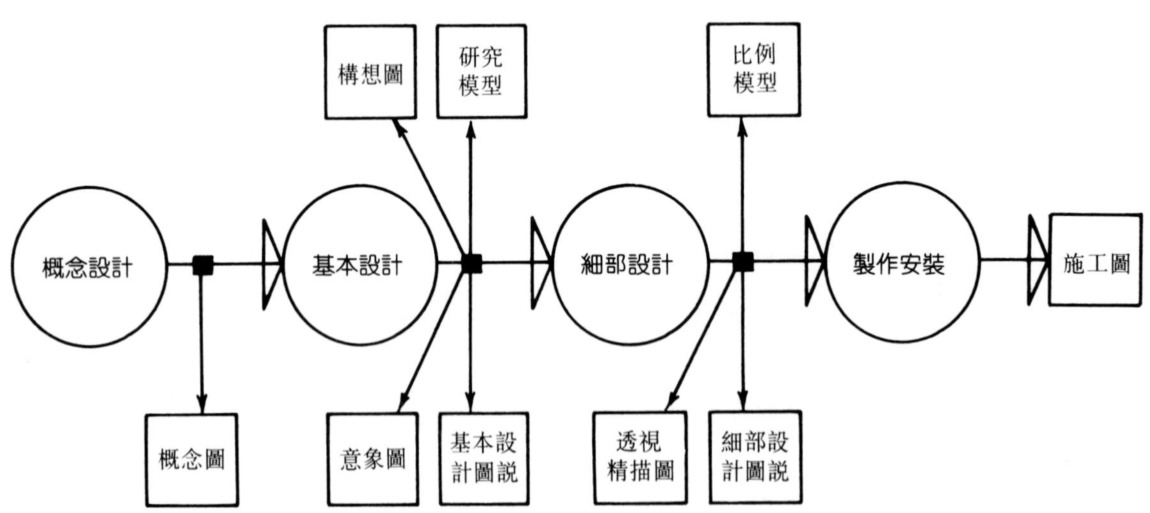

設計發表

1. 概念圖（concept chart）：是在概念設計階段為了將對主題詮釋的想法以簡單明瞭的方式表達出來而繪製之圖，往往是一些關鍵字詞與簡單幾何圖形的組合，在概念設計階段的設計說明中提出。

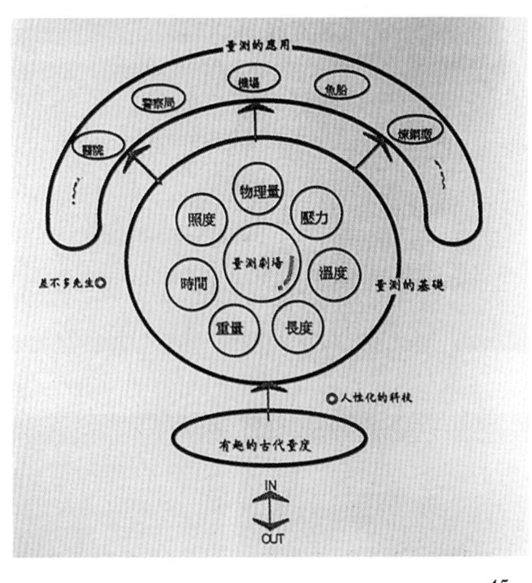

45

46

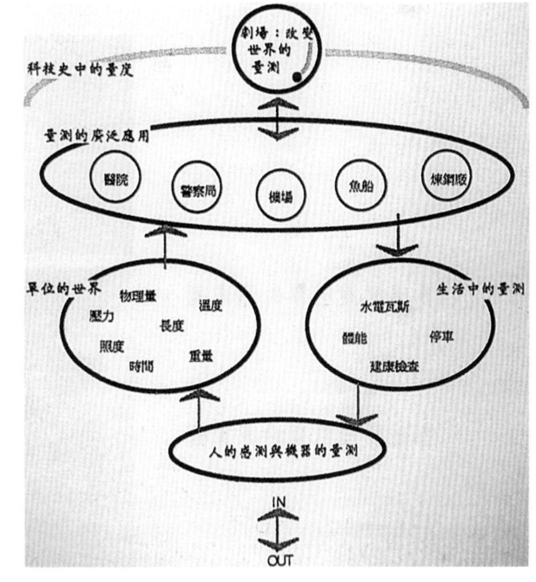

45 46

主題為「量度科技」的概念圖例

2. 意象圖（image map 或 image collage）：在展示設計（其他設計如產品設計也有相同做法）的構想發展階段中，為了抓住腦海中想像的氣氛與感覺（例如空間感覺），從雜誌、書等資料中撿取與自己所想的意象相近的照片、圖畫，然後組合在一起的做法，另外也可加入材質及色彩計畫以增強其真實性。在設計說明時提示意象圖以便解釋尚未完全成型的設計構想其感覺接近於此意象圖。

47

48

47
以表達兒童世界的意象圖

48
以表達巨視觀點的意象圖

3. 構想圖（idea sketch）：在設計構想發展階段將腦中所想的事物與解決方法以簡單快速的方式繪下來的圖。構想圖的繪製不限制使用材料與表現手法，能夠充分溝通便可以，因此設計師須具有良好的素描等表達能力。
4. 研究模型（study model）：在設計構想發展階段倘若只以二次元的圖面來表達，往往不一定能掌握構想中型態的真實狀況，因

49

49
構想草圖

50
較工整之構想圖

50

此以木板、發泡材、紙板、塑膠、壓克力……等等材料，快速地塑造三次元的立體模型以方便思考與研究。有些設計公司甚至主張以研究模型代替構想圖來發展構想。

5. 基本設計圖說（drawing of basic design）：基本設計階段結束時所提出之設計報告，依業主要求及設計公司習慣做法不同，所提出圖說的詳細程度有別，但主要是說明平面配置、動線安排及各展示單元的大略情況，例如使用那些媒體、大略外觀等。

51

研究模型

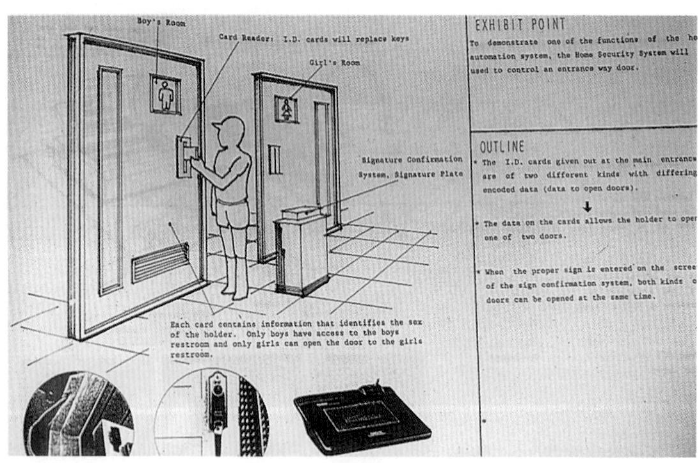

52

基本設計圖例

6. 意象透視圖（image sketch）：在基本設計圖說中將部分或全部場景以透視圖的方式繪出，讓業主容易明白展場可能的真實情況。但實際上基本設計階段的透視圖只是意象透視圖，只可概觀不能細看，因爲各處細節隨著細部設計階段資料的更換等原因往往還會變更設計。

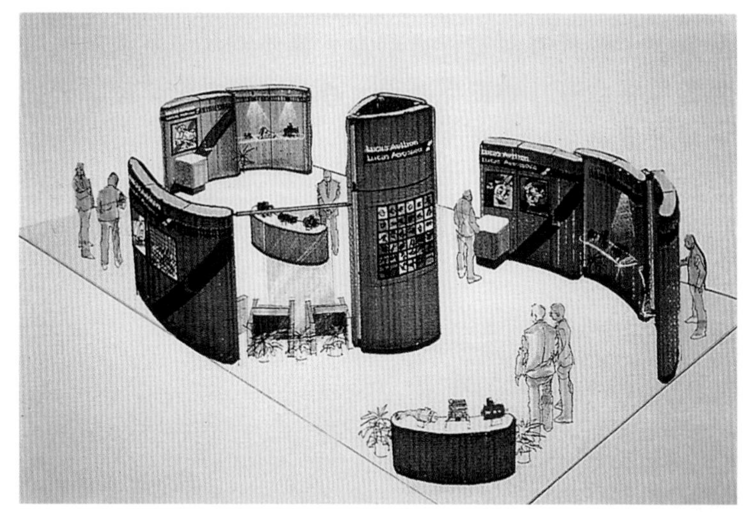

53

53
—
意象透視圖例

54

7. 透視精描圖（ perspective rendering ）：在細部設計完成階段對業主做設計說明時常常使用透視精描圖。圖上除了展示品及環境裝修的情形外，一般也加上觀眾的動態及可能的其他點景，例如室內的燈、盆景或室外汽車、路樹等，使畫面變得較生動與豐富，較能說服業主。但其實對設計師而言，清楚的尺寸、造形、解說文、裝置等等已在設計圖說中表達，透視精描圖除了取信、取悅業主外，並不是必要的圖面。

55

54.55

透視精描圖例

56

57

56.57

細部設計之比例模型例

8. 細部設計之比例模型（scale model for detail design）：在相關於立體設計的所有設計領域，例如建築、造圖、產品、展示等，都有製作模型的需求，因爲模型一方面幫助設計師檢討，一方面也是對業主說明時的有效方式。細部設計完成時提出之比例模型有彩色模型與白模型兩種，而且常常加上人物（立體的或平面的）點景等增加真實感。有些模型做成可以拆解組合其中一部分，主要是爲了將外罩取開時可以看見裡面的設計。展示設計上所用的比例模型，其比例大約在 1/4～1/100 範圍較多。

9. 細部設計圖說（drawing of detail design 或 working drawing）：細部設計圖說是展示設計案的總結，也是進入展示製作階段前最重要的發包資料。透過細部設計圖說，製作者才能明白設計的目標及設計者的企圖，站在這層理解上也才能做出合乎要求的展示。以較複雜的博物館展示爲例，細部設計圖說包含了十項資料如下表。根據這些資料製作者才能繪製必要的施工圖（shop drawing），並順利完成展示製作。

細部設計圖說之項目	內　容　說　明
1. 展示概要說明書 Tables & outline of specifications	1. 整體展示內容的概要說明書，主要說明展示計畫的概念設計、展示分區、平面配置、展示項目及其目的與使用之媒體等。 2. 將各展示項目所包含的設備、裝置、部件，如：模型、視聽、電腦等，彙整成表。
2. 詳細並標明規格尺寸之細部設計圖 Detailed, dimensioned working drawings	1. 將展示中各部分之作法以圖面表明，包括整體平面配置圖（floor plan）、立面圖（elevation）、斷面圖（section）、設備計畫圖（equipment plan）及各個展示單元的詳細尺寸圖。製作者可據此繪製施工圖。 2. 展示項目的詳圖可依構造（constructure）、圖文（graphic＋text）、裝置（device）、模型（model）、視聽（AV）等分別繪製。
3. 完整圖表版面 Finished layout of graphics	展示中有關圖文展示部分，包括圖面意象圖、文字內容、標題，以及版面的安排設計。
4. 視聽節目設計（構想） Audiovisual program design（Treatment）	說明視聽設計之構想、脚本及使用之器材等。
5. 內部透視精描圖 Interior perspective rendering	包括各種角度或各個分區的內部彩色透視圖，以能協助了解展示之具體型態為原則。
6. 色彩計畫 Colored scheme	展示的色彩計畫及必要的材質說明。
7. 軟體規範書 Write-up for software	電腦軟體設計之規範說明。
8. 工作流程圖 Work progress flowchart	從估價、發包、製作到安裝測試完成的工作流程圖及時間表。
9. 所需物品數量明細表 Bill of quantities	依細部設計圖，詳列全部所需物品的數量與單價分析之統計表，包括建材、構造、圖文、裝置、電腦、週邊設備、視聽設備、模型、電腦程式、影片等。
10. 施工技術規範 Technical specification	有關施工技術方面的規範與特別要求詳記成冊，以規定展示製作方法、品質標準、施工遵守事項等。

10.電腦繪圖（computer graphic）：在上述種種圖面的製作上都可借助電腦繪圖或電腦輔助設計來完成。除此之外繪圖軟體如Dynapers等，以及多媒體系統的組合使電腦做爲設計發表的工具能力愈來愈強，甚且有凌駕模型之趨勢，因爲利用電腦動畫做模擬（simulation）時，可以將視點由外到內，宛如親臨展場一般。許多視點的變化甚至是實際展場中參觀也看不到的情形，提供設計師由各種角度檢討的可能性。

討論問題

1. 若將設計過程區分爲七階段，則各階段是什麼？
2. 爲什麼在設計流程中有回饋（feed back）？
3. 什麼是概念設計（concept design）？
4. 如果由你來規劃一個迎新晚會，你會提出什麼樣的想法（概念）呢？
5. 什麼是動態展示？你看過那些動態展示？
6. 什麼是透視造景（diorama）？在國立自然科學博物館中有沒有diorama？
7. 什麼是自力動態展示（mobile display）？
8. 什麼是島形展示？
9. 什麼是留痕展示（slot display）？爲什麼要這樣做？
10. 什麼是意象象徵展示（token display）？
11. 什麼是偏光電飾展示（technamation display）？
12. 展示評量依評量時點的先後可分成那三種？
13. 爲什麼要做形成期評量？
14. 調查方法中的實驗法是如何分成控制組與實驗組的？
15. 設計師爲什麼需要繪圖與製作模型？
16. 什麼是意象圖（image collage）？爲什麼需要它？
17. 電腦繪圖可以如何幫助設計溝通？你認爲將來電腦可以取代設計師嗎？

第五章　展示設計之構成要素

將展示規劃之內容完成後，接下來便進入展示設計之階段，將展示現象製造出來。進行展示設備之設計時，其設計內容會牽涉到許多相關之要素，本章將依形態、色彩、照明、聲音、材料、影像媒體、器具與裝置之次序一一討論。

5-1 形態

形態是透過視覺（vision）將外在世界所接受的視覺形態轉換成有意義的結構實體，是人對物體認知之主要元素之一。它與物體的空間有關，物體的輪廓能被完整地感覺得到，各類形態都藉由內外輪廓線結合而成。再者，一個形體的外貌除了由刺激眼睛的物象決定外，還要靠知覺做統一的工作，例如球體包括了可視的前面及用知覺體會的背面，使此球體完整地呈現出圓的造形。所以人在認知一物體之形態時除了物理上輪廓之視覺刺激外，還會加上心理上的、知覺上的構思，合成最後的形態印象。

正因爲人在認知形態的過程中，運用著這種心理的、情感的因素，所以對於某些形態容易產生相對的符號性，所謂「意由象起，象由心生」之說法，即說明外觀的形態可引起內心的情緒。反之，不同之情緒下亦可能對外觀形態作不同之認知。例如：枯藤、老樹、昏鴉之孤寂感爲一般人之所共有。所以在中國文字裏有很多詞句是同時用在人的情性與物之實體形態上的，例如方正、圓滑、尖銳……等。

一、形態之種類

綜觀世間萬物皆俱形態，簡單地可分爲自然形態與人爲形態，自然形態是存在於宇宙的物體，不論動物、植物、礦物。大自山川雲樹，小至一葉一花及小石等等，即自然的各類造形，不藉人類力量而生成，是以最能符合演化的生存目的，具有生存的機能及美感秩序。以葉子爲例，縱橫交錯的葉脈除了支撐體重之外，還具備輸送水分之機能，同時葉子的造形亦具有秩序井然的數理性及符合各種美學形式原理的視覺美感。因此，自然形態常是構築人爲形態時之重要參考。

人爲形態是於人類的意志或非意志（偶然地）下，運用人爲力量作成之形態，又可分爲下列兩種基本類別：

1. 具象形態：即具有客觀意義的形態，大部份的人看了之後可以得到大致相同之感受。展示中運用這樣造形時可以得到較一致的認知性。而具象形態又可細分成兩類：一是寫實的具象形態——很客觀地描寫事物的真實面目，參觀者之共同認知度最高。另一是變形的具象形態——以誇張、省略等變形手法表現出的具象形態，參觀者之共同認知度雖較前者低，但是可以得到更多的效果（如趣味性）。
2. 抽象形態：是不具客觀意義的形態，純粹以幾何觀念，運用基本造形元素構成之形態。或是把現實造形逐一變形並昇華至非具象的程度，而無法判別它的本來面目或說明它的原始意義的形態。這樣的形態運用在展示上雖然對於具象意義之傳達性較弱，但對於抽象的、意識性的傳達卻能有很深的含義，所以有時又稱之爲「觀念形態」。而抽象形態又可細分爲知性的抽象形態與感性的抽象形態：前者是屬於冷靜、理智、規則的、結構明確而嚴謹的。後者則偏向感覺的、情緒的、隨機的、生動靈活而富變化的。前者常易失之單調而後者則易犯零亂之缺點。

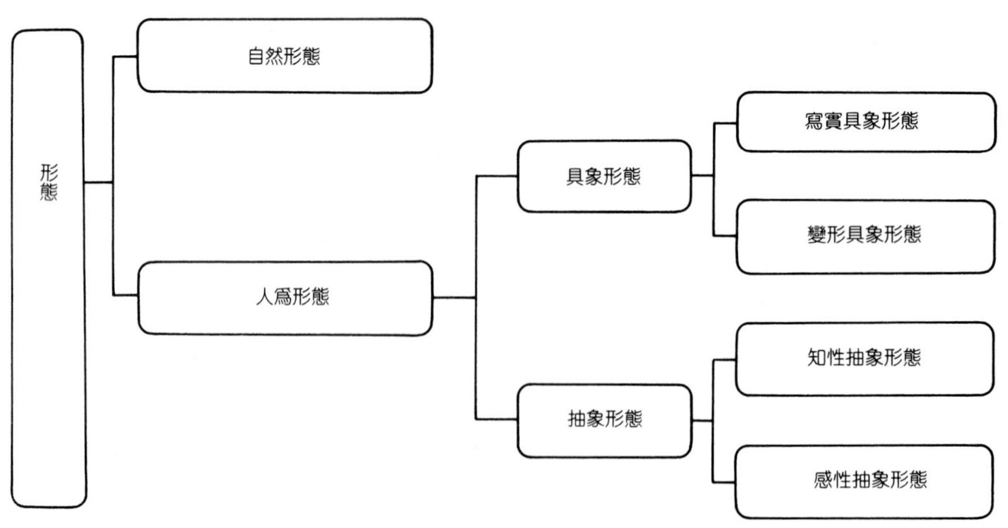

二、形態的可變性

一個物體所保有之形態通常是固定不變的，然而隨著時間的經過，外因的影響（如溫度、外力……），經常會因發生變化而產生不同之視覺感受，例如圓潤飽滿的氣球漸漸變得鬆弛而皺曲。然而在展

1

1
—
自然形態

2
—
寫實具象形態

2

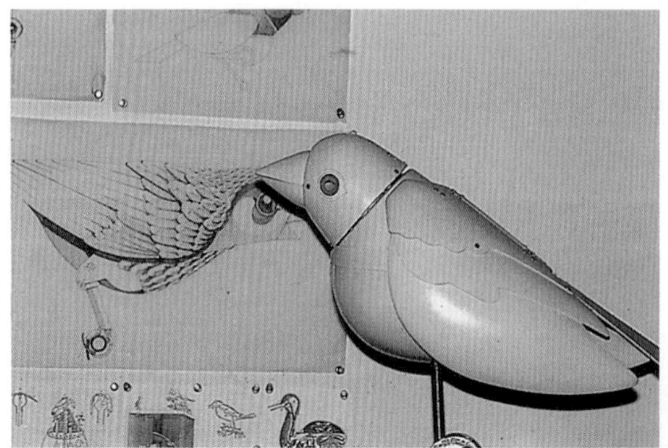

3

3
—
變形具象形態

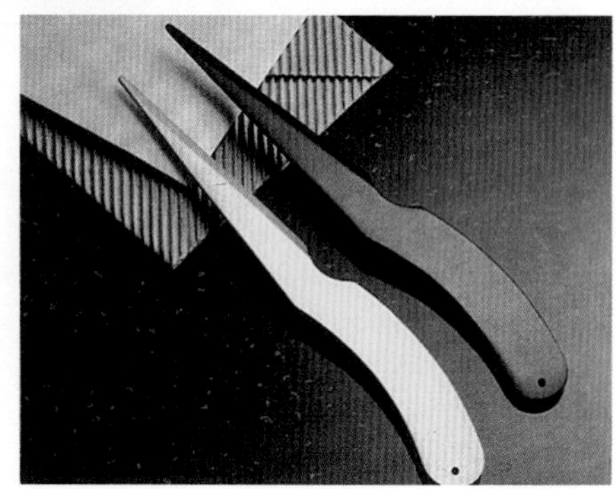

4

4
—
知性抽象形態

5

5
—
感性抽象形態

示設計上却經常刻意地造出形態之變化，以增加其視覺之多樣性或趣味性，例如霓虹燈之變化，自力動態展示、吊牌等時時會顯現不同之樣貌而造成趣味的演出。爲了造成形態之變化，一般常見的作法有：

6

6

自力動態造形

圖爲筑波博覽會之户外展示

(吳淑華攝)

1. 利用光、影來造成視覺的變化，亦即物體本身並未產生變化，而利用光與影的變化來造成視覺上之變化效果。

7

7

利用光影之變化來表現之造形

2. 利用視點位置來造成視覺的變化，同樣地物體的形態不變，利用參觀者與物體間遠近、高低等相對位置的變化（視點之變化）來造成視覺上之變化效果。

8

9

8
—
利用視點之變化來表現之造形
圖爲東京車展

9
—
利用可變機構來表現之造形
圖爲八王子兒童科學館之「天樹」，會隨溫度、壓力、濕度而變形

3. 利用可變機構的設置，來變換物體本身之形態，達到視覺變換之效果。例如以馬達及聲控之開關及必要機構等作成之可動機構。

三、形態之特性與印象

所有的形態都是由點、線、面、體等造形元素所構成的，因此對於形態之印象實則由這些元素所反映出來。

單獨的點不易形成立體感覺，它在整個形態上扮演的是裝飾性的角色，然而適當的運用常可提高整體的效果，所謂「畫龍點睛」即是。

線是反映形態印象最重要的元素，我們常說這物體的線條非常流暢之類的話語。線可分成直線與曲線，直線又有水平線、垂直線、斜線等，而曲線有圓、橢圓、渦線、雙曲線、自由曲線……等。形態之視覺印象常依其上所反映出來之線的種類、數量的多寡而不同。一般而言，粗直線具有「強有力、鈍重」的感覺，而細直線則具有「銳利、敏感、明晰、快速」的感覺。此外，水平線具有安定、女性化的感覺，垂直線具有強而有力、男性化的感覺。斜線則較易產生刺激性的效果，易引起注意，特別是左上右下的斜線能產生較大的刺激效果，這也就是交通號誌的禁止標誌上用左上右下斜線之緣故，至於曲線造成的感覺則偏向於平滑、穩定、流暢、柔軟、溫和、抒情、女性化之感覺。

面則是由點或線加以延伸所得到之造形元素，面的種類可以分爲幾何形的面與非幾何形的面。用直線或幾何曲線形成的面，或者二者組合形成之面均稱幾何形面，如平面、球面等。幾何形面所散發出來的印象是單純、簡潔、明快的感覺。而非幾何形之面：包括有機形的面——自然界存在之動、植物形態均屬之。和偶然形之面——隨機狀態創出之面，則較具有富情感之印象。

體是由長、寬、高三次元共同構成之三度空間，體的主要特性在於它的體積感與重量感，立體的重量感又可分成正量感與負量感二種，封閉的表面形成之立體具有正量感，是實體的表現。以線或透明之面形成之立體則具負量感，是虛體的表現。若從構成之特性來看，體又可分爲塊立體、半立體、面立體、線立體、點立體等幾類。

1. 塊立體：表面完全封閉之立體，予人厚實之感覺。
2. 半立體：以平面爲基礎，而將其部份空間立體化之結果，即一般所稱的浮雕。其主要特性在於表面凹凸層次和光影效果上面，使單調之平面產生變化。

3. 面立體：以面的形態構成之形體，由於所佔的空間層次不同，給人虛實交錯之感。
4. 線立體：以線於空間構成之形體，因僅佔極有限之空間，在視覺上形成輕巧活躍的層次感和節奏印象。
5. 點立體：以點的形態於空間構成的形體，由於僅佔極小空間，故富活潑、變化與韻律之效果。

四、美的形式原理

當我們有了美的經驗或感覺，並有意探求其原因所在時，可從紛亂多樣的現象中，整理出可供依循的法則，經過一些美學家、哲學家、心理學家們整理出的法則有：

1. 對比：將兩種事物並列，使其產生極大的差異現象，如曲直、長短、黑白、強弱……。
2. 調和：把同性質或類似之事物並列所產生之和諧感，包括形、色、材質感等之調和。
3. 韻律：又稱節奏或律動，將事物以規則或不規則的反覆形式排列所產生之現象。
4. 比例：同一事物形態中部分與部分間或部分與整體間的數理性法則，如黃金比例。
5. 反覆：將相同或相似之事物單元作規律性的重覆排列所造成之結果。
6. 漸層：同性質之事物單元以極小之差距依序排列而成之效果，例如由白而漸黑，由小漸大等。
7. 均衡：相同或不同之事物單元間經過相互調節而形成靜止、安定、具同重量感者。
8. 統一：依靠著一種組織關係使眾多事物單元呈現整體之感覺。
9. 單純：以基本、簡單、明確之元素來構成事物之方法。
10. 強調：即賓與主、背景與主體間關係的建立，使其清楚地顯露主要事物單元者。

五、形態與機能

形態與機能間存在著不可分割之關係，一個完美的形態除了應注重其美學形式外，尚應強調其實用上的機能形式與構造形式。舉例來說，一個展品除了講究美不美外，尚應注重何種形態較能發揮其機能，以及應以何種材料、何種方式來結合成最終之形態。此三者雖有不同之探究領域，但整體而言，三者是相互影響的，若能同時以一種形態來解決（調和）這三個問題才是最完美的。

10

10
具實用機能之形態

5-2 色彩

展示的視覺效果，除了形態之美外，色彩也佔有決定性的關鍵地位。它給參觀者最直接、也最深刻的印象，故展示設計中的色彩計畫是極重要的一個項目，詳細地說它扮演了下述的幾項功能：

1. 能協助設計構想的完成，使之達到理想境界。
2. 更經濟地顯現設計的特徵。
3. 較之形態，以色彩來達成統一更容易。
4. 利於美化效果及營造氣氛。
5. 易於用來區分不同內容與項目。

而基於上述功能的實現，展示的色彩計畫會包括個別展品的色彩、整體空間的色彩及照明色彩等三方面。換言之，是色光和色料整體的色彩計畫。

一、色彩的物理、化學特性

1. 色彩的三屬性：日常所見各種的顏色是由色相（hue）、明度（value）、彩度（chroma）所組成的。像紅、橙、黃、綠、藍、紫等顏色的稱呼（色名）即爲色相；而顏色的明暗程度稱之爲明度；有些明度相同的顏色其鮮明度（純度、飽和度）却不相同，此乃彩度不同之故。通常黑或白色含量多之顏色彩度較低，反之黑、白色含量少者彩度較高，而不含黑、白色者則稱爲純色、彩度最高。一般所稱之色立體就是分別以色相、明度、彩度此三屬性爲軸，以組合之方式排成之立體模式，並將其上每一顏色賦予代號以易於傳達與應用。
2. 有彩色與無彩色：像文字的顏色般僅從白、灰到黑這樣的系列稱爲無彩色，而像紅、黃、綠……等排列在色相環上者，我們稱爲有彩色。
3. 混色：不同之顏色混合在一起會產生不同之顏色，這是眾所皆知之事，混色是依我們的期望選擇原色之種類與份量，調製出合用的顏色之過程。就原色而言，色光與顏料、染料有所不同，色光之三原色爲紅、綠、藍，將此三原色之光投射一起將形成白色（明亮無色），這樣的混色我們稱爲加色混色；而顏料之三原色爲紅、黃、藍，將此三原色混色後會形成黑色，這種混色我們稱爲減色混色。
4. 補色：不管色光或顏料，當一種顏色加上另一顏色會呈現白色（色光）或黑色（顏料）時，這二種顏色就互稱爲補色。
5. 褪色：室內牆壁長期吊掛物品之處，會產生與週邊顏色不同之現象，稱之爲褪色，此乃顏料產生化學變化之結果。不同之顏料（顏色或成分），褪色之程度亦不同，通常有彩色顏料中綠色褪色最明顯，紅色次之。而無彩色之黑、灰、白均不易褪色。此外置於室外者較置於室內者易於褪色，因此展示場所視時間長短於選取顏色時應加以注意，特別是長期、室外之展示。

二、色彩之生理、心理作用

1. 順應性與恆常作用：當我們突然進入一明亮或黑暗之房間時，眼睛會覺得不適應，但過了一陣子我們會漸漸地看得清楚，這稱為「明順應」（或「暗順應」）。此外當我們在黑暗房間，打開白熱燈泡時，頓時會覺得室內物品偏黃，過了一段時間這現象才會漸漸消失，因為我們的眼睛順應了白熱燈泡的照明色，這現象稱為「色順應」。一般稱之為紅、黃、綠等物體之各種顏色是指於某照明條件下所見者，照明條件不同會導致不同的色感。通常以太陽光下所見之顏色為標準色，它常會成為人的記憶資料，於是在某些照明條件微變化下，儘管物體顏色有所變化，但基於色順應性及記憶色的影響，我們仍認定（感受）成其既有的顏色，這現象稱為恆常作用。例如微黃光線照於白紙上與白光照於微黃紙上幾乎顯現同樣色彩反應，但我們仍認為前者是白紙而後者是黃紙。

2. 殘像：長時間注視黃色後，視線轉移至白紙上會看到同形狀的淡青紫色（黃色之互補色），此現象稱為殘像。例如紅色會產生青綠色殘像，因其在色相環上皆屬於互補色，故此現象有時稱為心理補色。
3. 注目性與識認性：人的視覺能辨別不同的顏色，其界限以色相言約 200 種，明度約 500 種，彩度約 70～170 種，因此其組合後數量甚為可觀，但是有些顏色容易吸引人注意，又有些顏色容易辨識清楚，有些則不然。這些容易吸引人注目（注目性高）之顏色通常都屬於高彩度的顏色，但是當其周圍也都是高彩度的顏色時，其注目性會相對地漸低、反之則可提高。例如，黃色的物體如果襯以黑色或藍色之背景時可得到相當高的注目性。而注目性高之配色不一定容易辨識清楚，通常顏色之辨識程度以紅色系列最佳，而配色方式則以明度差異大者為佳。
4. 膨脹與收縮：在二個相等的面積上分別塗成黑白二色後，面積會產生大小不一的感覺，黑色面積比白色來得小，此即膨脹與收縮之現象。大致而言，明度高之顏色會生膨脹之效果而明度低者則生收縮之效果，善用此特性可加強或調整展示之效果。
5. 前進與後退：在一張黑紙上貼上黃、藍二紙片，從一定距離看之，會覺得黃色有往前接近的趨勢，而藍色則有往後退縮之感覺。一般而言，明度高者有前進感，明度低者有後退感。適當的運用此特性可以增加展示場所的空間感。

6. 感情作用：人類接受了色彩的刺激後，因各人之情緒或慣常之認知，會產生相當多樣的感情作用，在此分別以三屬性之色相、明度、彩度及配色後之色調來說明：

• 色相之感情作用

有彩色的紅紫、紅、橙、黃等暖色系會產生興奮、積極的感受，而綠、藍綠、藍、藍紫等寒色系則會產生沈靜、消極的感覺，前者是屬於活潑的、刺激的顏色而後者則屬於安定的、休息的顏色。

此外，就顏色的使用習慣而言，有些顏色是具有濃烈喜氣感覺的，例如金、紅等顏色，而有些則常見於喪傷場合的，例如黑、白等顏色，這在每一民族地域是有些不同的，從事展示之色彩計畫時也應注意或加以應用。

紅	熱情、喜悅、吉利、誠心、革命、豪華、富貴、吉利、活潑、年輕、動感、防火、停止、禁止、高度危險、熱心、幼稚、權力、太陽、蘋果、夕陽、楓葉、救火車、血。
橙	明亮、鮮艷、刺激性、年輕、活潑、華麗、警戒、溫情、積極、歡喜、快樂、甘橘、木瓜。
黃	危險、年輕、活潑、陽光、活力、希望、光明、愉快、誠實、明快、輕薄、向上、發展、檸檬、雨衣、交通號誌、香蕉。
綠	清爽、生長、年輕、安詳、和平、安全、前進、救護、理想、知性、平靜、安慰、健康、公平、大自然、郵差。
青	生活、疏遠、科技、穩重、高級、沈靜、沈著、冷淡、消極、寂寞、悠久、天空、海水、宇宙、男性。
紫	女性化、溫柔、高雅、氣質、幸福、神祕、羅曼蒂克、高貴、不安、幸福、感性、永遠、溫厚、葡萄、茄子。

色相之感情作用

• 明度之感情作用

明度高之色彩常會顯現活潑、輕快之特性，明度低之色彩則顯得沈靜而穩重。因此配色時若以上明下暗的方式爲之，能產生安定感，反之以上暗下明之方式爲之則能得到較強之動感。

• 彩度的感情作用

彩度之不同首先會產生樸素與華麗的不同感覺，比較濁（彩度低）的顏色覺得較樸素，反之鮮明（彩度高）的顏色則產生華麗感。除此，彩度之高低還會顯現強弱、軟硬之不同感覺，彩度高者較強硬、彩度低者較軟弱。

• 色調之感情作用

不同色調產生的感覺差異十分大、色彩學家的研究結果之一如下表：

W 白	純潔、清潔、清爽、高雅、柔和、舒服、正直、明朗、飄逸、和平、天眞、神聖。
ltGy 淺灰	柔和、高雅、清爽、高尚、樸素、舒服、大方、端莊、明朗、隨和、沒生氣、金屬感。
mGy 中灰	灰暗、混濁、穩重、沈悶、沒生氣、高貴、老氣、沈重、憂鬱、消極、成熟、文雅、老鼠、神祕。
dkGy 暗灰 BK 黑	高貴、神祕、穩重、莊嚴、大方、高雅、成熟、深沈、黑暗、恐懼、悲傷、沈悶、壓迫感。
p 淡色調 pale tone	溫柔、羅曼蒂克、清純、高雅、清爽、純眞、輕愁、氣質、文靜、夢幻、幸福、嬰兒用品、洋娃娃、春天、香水、純眞的少女、可愛的嬰兒、文靜的女孩。
ltg 淺灰色調 light grayish	高雅、祥和、憂鬱、夢幻、羅曼蒂克、成熟、樸實、消極、朦朧、柔和、軟弱、忠實、柔弱中的穩重、淑女裝、害羞、猶豫、中庸、平實、有雅量、女性、中老年人、溫和紳士、鄉村。
g 灰色調 grayish tone	老年、中老年人、男性、失意、生病、傢俱、乞丐裝、毅力、堅強、憂鬱不安、穩重、樸實、消沈、沈悶、成熟、老成、沈重、無朝氣、暗淡、笨重。

lt 淺色調 light tone	女性化、溫柔、輕鬆、活潑、明朗、快樂、舒適、青少年、甜蜜、淡雅、幸福、清新無邪、少女、做夢年齡的女孩、兒童、春天、夢、巴黎、童話。
d 濁色調 dull tone	穩重、成熟、男性化、樸實、高尚、沈靜、中庸、暗淡、男士、中年人、秋天、民俗風味的、傢俱。
dk 暗色調 dark tone	穩重、深沈、成熟、消極、黑暗、沒有生氣、樸實、嚴肅、高貴、暗淡、壓力、冷、堅硬、固執、冷酷、中老年人、男士、有地位的人、死亡、恐怖、樹林、沒有希望。
b 明色調 bright tone	明朗、活潑、心情開朗、青春、快樂、新鮮、年輕、朝氣、少女、運動、泳裝、康乃馨、朝陽、少男、女性的服裝、初夏、小學生。
v 鮮色調 vivid tone	活潑、熱情、鮮艷、快樂、明朗、年輕、刺眼、積極、健康、朝氣、新潮、衝動、挑戰性、豪華、俗氣、充滿活力的年輕人（男女）、兒童、影星、舞會、夏日、太陽、野性。
dp 深色調 deep tone	穩重、成熟、深沈、高雅、踏實、情緒不好、沈著有個性、澀、厚重、愁、倔強、理智、秋天、男性、中老年人、成年人的穿著、淑女、鄉土、民俗風味、傢俱、森林、有思想有見解的人、科技、有內涵。

色調之感情作用

三、展示色彩計畫的程序

展示的色彩計畫因場合之不同而有不同之進行方式，但總是循著大同小異之程序而進行著，一般的過程可分為：（參考吳淑華，1991）

1. 計畫階段
   (1)決定設計方向。
   (2)提出相關作業項目。
   (3)色彩資料收集、分析、評價。
2. 試作階段
   (1)決定形象色彩。
   (2)色彩要素的細部檢討（如：色相、色調之關係，基本色調、強調色之運用，主題色彩之決定……）。

3. 實施階段

(1)圖面、色彩使用說明。

(2)品管及完成品的檢視與修正。

(3)完成色樣、使用說明書之製作。

4. 評價階段

(1)結果與效果之分析。

(2)資料歸檔。

• 色彩應用要點

展示之色彩計畫應依目的需求，配合參觀者、時間、場所、經費等之特性來進行。而進行之際應注意的要點有：

1. 依序決定顏色，通常應先決定大面積之顏色作爲基本色，再行其他部份之色彩組合選擇。
2. 先行決定色調，再選擇色相配合便於氣氛之凝塑。
3. 考慮顏色的認識性，發揮顏色特性及統一性。
4. 避免多色使用，基本色以不超過三項爲宜。否則易造成雜亂，無法突顯主題。
5. 避免大面積使用高彩度之顏色。

此外，色彩的應用除了常識上的調和形式外，也可適度利用不調和形式來造成新鮮感，這種從規範中求變化，創出之不同感覺形式亦能令人留下深刻印象。

四、展示空間的色彩應用

展示空間色彩應用的目的在於利用色彩特性來調節空間感，協助加強展品之展示機能與美化展示效果爲主。

展示空間的色彩是由各個展品的顏色及展示空間的地板、牆面、天花板等之顏色所共同組合而成的，所以如何搭配展品的顏色，賦予地板、天花板、牆面等何種顏色來營造出所要的氣氛來，便成了展示空間色彩計畫的中心了。

實際著手色彩計畫時應考慮的是，如何活用色彩的特性：如冷暖、遠近、進退、膨脹收縮、輕重……等。此外，展示空間對參觀者而言僅是個暫時性的滯留空間，而不像家中的長時停留空間，因此色彩計畫運用上亦稍有不同，可稍加強其注目性及演出性，讓參觀者留下更深的印象。也可以說展示空間之色彩計畫之特色就在於如何賦予展品一個適當背景，讓參觀者產生新鮮的、具印象的、獨創的、有魅力的配色感覺。

5-3 照明

一、光與照明

依靠視覺傳達爲主的展示設計中，光環境（光與陰影、明與暗、光色……）之變化，對於視覺效果有極大之影響力，所以也是展示設計中重要的一個因素。

光之來源可大分爲自然光源與人工光源二大類，自然光源是主要以太陽爲光源所造成的光環境，其變化可利用太陽位置之移動，以造成光影之變化、天候之變化，產生明暗之不同，或者利用採光窗戶之大小、位置來造成不同之效果……等，在展示設計中，特別是戶外展示上是經常加以運用。

所謂人工光源，就是俗稱的照明，是利用各式發光體（燈具），經由人們調節、安排來達到目的者。因爲它可隨人們的需要隨意調節、安排，並且可以控制其強度、時間與色彩，所以展示設計中，特別是室內的展示，依賴它來達成效果的需求極爲迫切。而照明又可分成直接照明與間接照明二類，比較其差異時可發現直接照明可產生較強烈、明暗差較大的效果，而間接照明所營造出來的是比較柔和、亮度大致相同的效果。因此，視場合、需要之不同，此二種方式均被大量採用著。

物體受到光線之照射時就會產生陰(shade)與影(shadow)，陰是在物體上的明暗變化，它能使物體的「立體感」更加明顯。影是物體於背光面（區域）所產生之黑暗區域，它可以凸顯物體的「存在感」。

物體上的陰影會因照射光的條件不同而產生影響，例如直接光、間接光造成不同的效果，直接光照射下對象物的明暗境界較清楚，而間接光就形成較柔之界線。另外光源位置的變化、光源數目的不同及

11

11

光與影可顯現物體之立體感、存在感

色光種類之不同所造成之光環境的變化亦是形形色色，因此如何利用這些不同條件之光來塑造展示空間之效果，便是照明計畫之主題了。

二、良好的照明條件

展示設計的照明要求，具有其共同的主要條件：1. 適當的照度（Illumination）、2. 適當的照明方式、3. 不能造成眩光（Glare）、4. 選用恰當的光色等。分別介紹如下：

1. 適當的照度：依照不同展示內容及方法，應配置不同的照度。
2. 適當的照明方式：展品的特長受其質感與立體感所影響，照明的方向性及漫散性也足以影響商品的特長，因此照明方式需視展品類別、陳設、配置方法而定。適當的照明方式不外乎下列幾種：
   (1)直接及半直接照明——因直接光多，效率高，易產生強度陰影，具有活力的照明，能強調展品之光澤效果。
   (2)半間接及間接照明——照明效率較低，但可得垂直面與水平面同樣的照度，講求氣氛柔和之展示可採用此法。

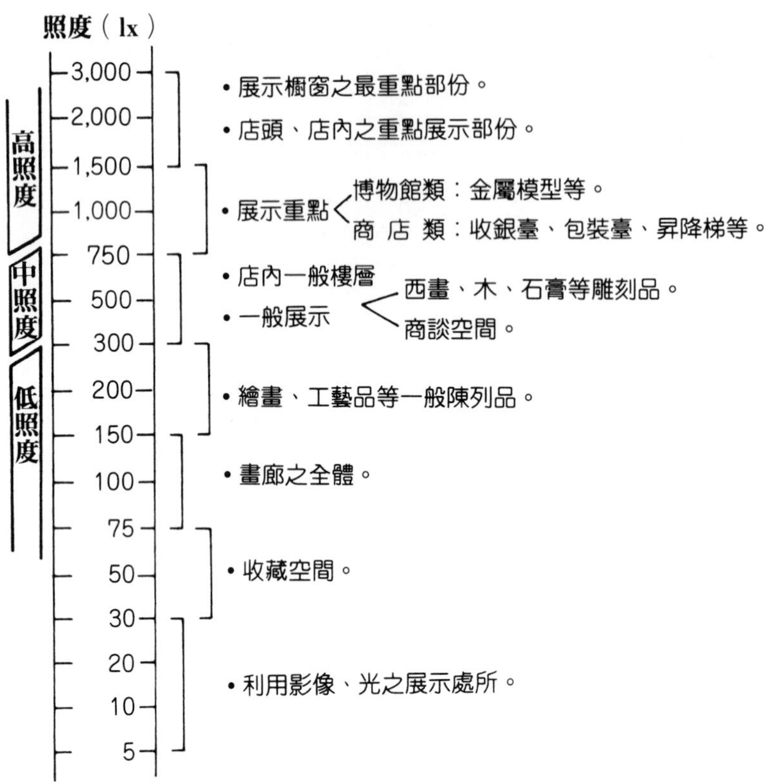

（註）：1. 使用於畫間，向屋外展示之櫥窗的重點部份，以 10,000 lux 以上爲佳。
2. 使用局部照明於陳列重點部份時，其照度應於全體照度之 3 倍以上爲佳。

各類展示之照度基準

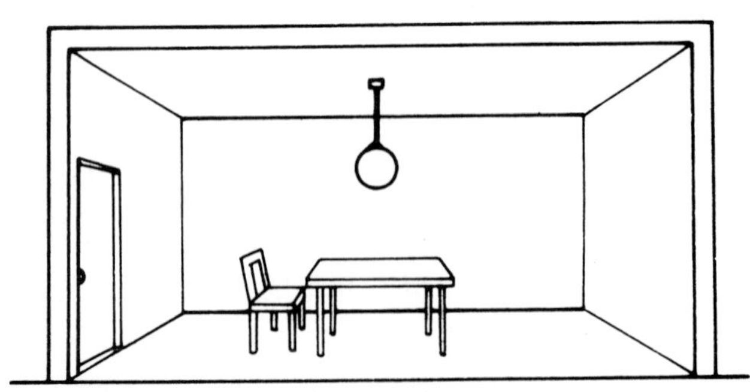

直接照明

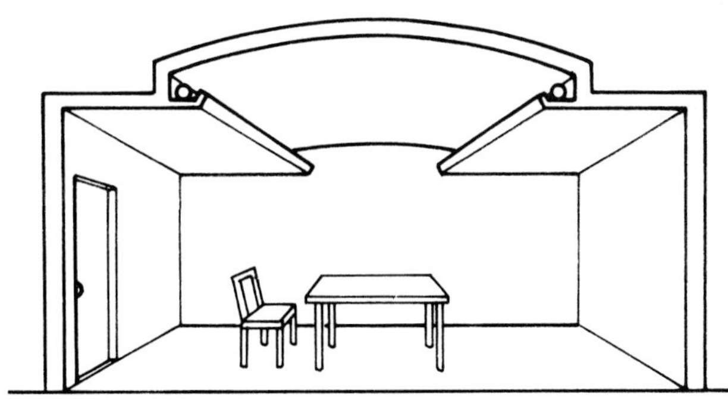

間接照明

形式名稱	示　意　圖	向上光束 %	向下光束 %
直接照明型	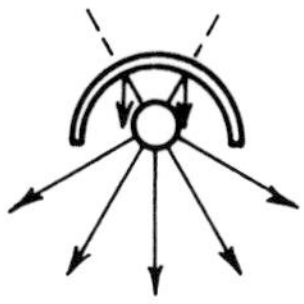	0～10	100～90
半直接照明型	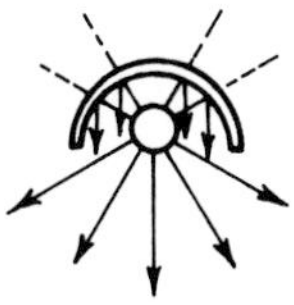	10～40	90～60
全部擴散照明型		40～60	60～40
半間接照明型	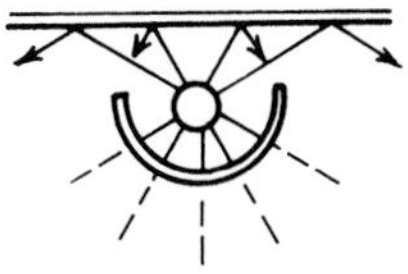	60～90	40～10
間接照明型		90～100	10～0

照明形式、種類

此外，就整個展示空間的基本照明而言，其配置方法可分：①點配置法，②線配置法與③面配置法等幾類型。點的照明手法凝塑出來之空間會給人硬而多變化之感覺，而面之配置法則可得柔而均一之氣氛。

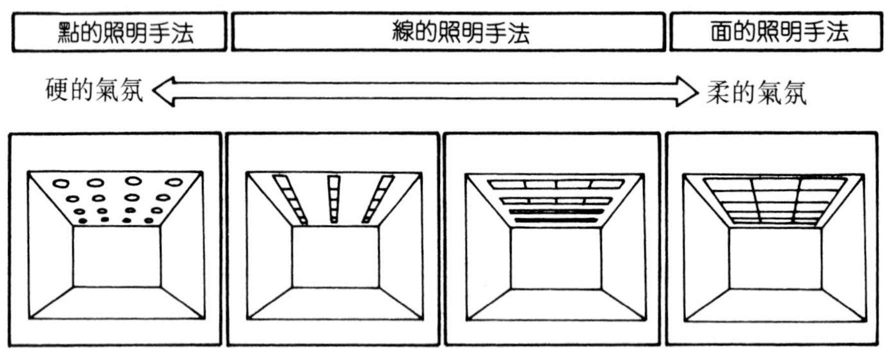

基本照明的配置手法

3. 無眩光：光源的直接眩光與反射眩光（特別是玻璃面）都將對人的眼睛產生大量刺激，因此必須設法避免。
4. 選用恰當的光色：多樣色彩的展品，對色彩的要求高，因此光源應配合光色上的需要。例如白熱燈泡紅黃色多，適合暖色系展品；而螢光燈多藍色調，可使白色、寒色系展品有明顯感。爲求良好色光的展品，盡可能採用晝光色日光燈爲最佳。

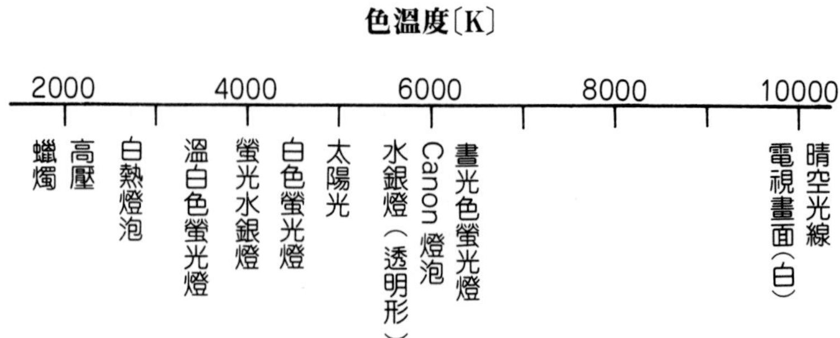

照度(lx)	光		色
	暖	中間	冷
≦500	愉快的	中性的	冷的
500－1,000	↕	↕	↕
1,000－2,000	刺激的	愉快的	中性的
2,000－3,000	↕	↕	↕
≧3,000	不自然的	刺激的	愉快的

光色—照度之變化與心理效果

三、展示設計的照明計畫

展示除了要具備良好的照明條件外，還應注意光源的照明位置、投光範圍及照明燈具的選擇。光源照明位置在展示上，大都採取隱蔽或半隱蔽之方式，因爲展示之主體物不能因照明器具而破壞了整體展示之效果。不過，不管採取何種方式的照明均應對展品產生良好之光效，給參觀者良好的參觀效果。

投光範圍則依展品所欲表現的情境而定，有採局部投光、交疊投光等方法。局部投光可以強調展品之特定部位，以顯現其特點，富有極強烈的指示性或說明性，適宜展現展品之重要部份或精緻感覺。交疊投光則具有連貫或交互依存的關係，表現展品之整體風貌時以此方法可得完整的整體效果，不會產生支離破碎之混亂感。

燈具的選擇上，由於現代工業生產之快速與技巧的精進、新材料的大量使用。燈具、燈飾式樣種類繁多，每一燈具儘管外形不一，但都有其特定之照明機能與效果，因此在選用燈具時，必須先了解其特性，才能達到照明配置妥當的理想境界。

有關良好的照明計畫應包括前述的條件外，還需要視展品的類別、特性之異同加以不同之設計，茲將展示照明計畫的共同要領分述如後：

發光原理	燈泡種類	功率範圍（W）	特性
熱放射	白熱燈泡	數W～數KW	•光色穩定，演色性佳。 •瞬時明滅。 •小型輕量。 •效率低、發熱量大、短壽命。 •鹵素燈泡無光束減退現象。
	鹵素燈泡	數10W～數KW	
螢光	螢光燈	4～110W	•多種多樣的光色、低亮度。 •高效率長壽命、發熱量小。
	水銀燈	40～2KW	•高亮度、長壽命。 •演色性差。
	複金屬燈	250～1KW	•效率比水銀燈高、高演色。
	高壓鈉光燈	150～1KW	•一般照明中最高效率的橙色燈泡，高亮度、長壽命。 •演色性差。
	Canon燈	數10W～數10KW	•高演色、高亮度。

各類燈泡（具）之特性

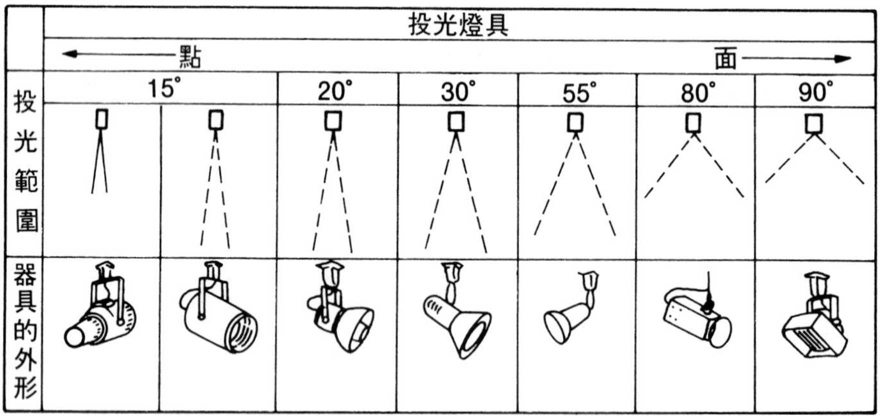

	投光燈具						
	←點						面→
	15°		20°	30°	55°	80°	90°
投光範圍							
器具的外形							

1. 需要高照度之展品：例如機械、模型等立體的展品需要擴散性好、無陰影的照明；須要看到各細部時就必須要有高照度之照明。此外如各類以圖案、文字說明爲主的展示裱板、文宣資料等

以文字爲主之展品上亦需要有充分而垂直之照明，採用螢光燈之全盤擴散性照明，應可得到良好之照度，並避免眩光之產生。

2. 以色彩展示爲主的展品：色彩是展品之重要組成因素，甚至有些展品是以色彩爲展示主體的，這種情形下就需要以演色性較好之白晝光燈具來讓展品之色彩有充分的展現機會。甚至可以利用一些色光燈具來加強、烘托其色彩，例如暖色系之色彩如配以白熱燈泡可更加強其暖色的色度。又如利用各式色燈來加強花草、植物之色澤效果也是常見之作法。

3. 強調光澤性的展品：金屬、玻璃或其他欲強調其光澤性之展品之照明，大都需要無陰影的高照度，因此採用投光燈、下光燈之半直接式全盤照明或局部照明，可以增加其光澤之效果。至於皮革、塑膠等反射率低之展品則需要以垂直面照度之照明才能顯現其光澤性。

4. 展示櫥櫃之照明：櫥櫃之運用在各型展示中均非常地廣泛，甚至商品展示中的櫥窗，我們亦將其視爲一大型之櫥櫃。櫥櫃設計的照明計畫應考慮的因素包括：

⑴要有充分的照明——參觀者通過櫥櫃的時間，可能短至僅數秒，如何在極短的時間內，引起參觀者的注意，照明實是最直接的一種，由光之引導至展品上而達到視覺傳達的效果，因此足夠引起參觀者注目的照明是起碼之要求。

⑵以光塑造重點——在陳列之展品中，對特殊之部份展品以投光器、集光燈等加以強調，一可吸引參觀者之注目、二可消除全盤照明之單調感。此外對於特別重要之處更需施以高度照度，並陳列於顯眼之處。

⑶消除櫥櫃的反射光——櫥櫃會收到室內各處燈光或室外太陽光、街燈等之正反射，往往造成看不清櫥櫃內展品之缺點，因此櫥櫃位置、高度的考慮或者如何採取適當的裝置來消除反射光，讓櫥櫃於室內、外，白晝、夜間均能達成展示效果，亦是一重要而困難之問題。

⑷消除眩光——不管櫃內、外之燈具裝置均不得對參觀者產生眩光感，否則展品之展示效果必失其意。而眩光之問題通常與反射光之問題一併考慮解決。

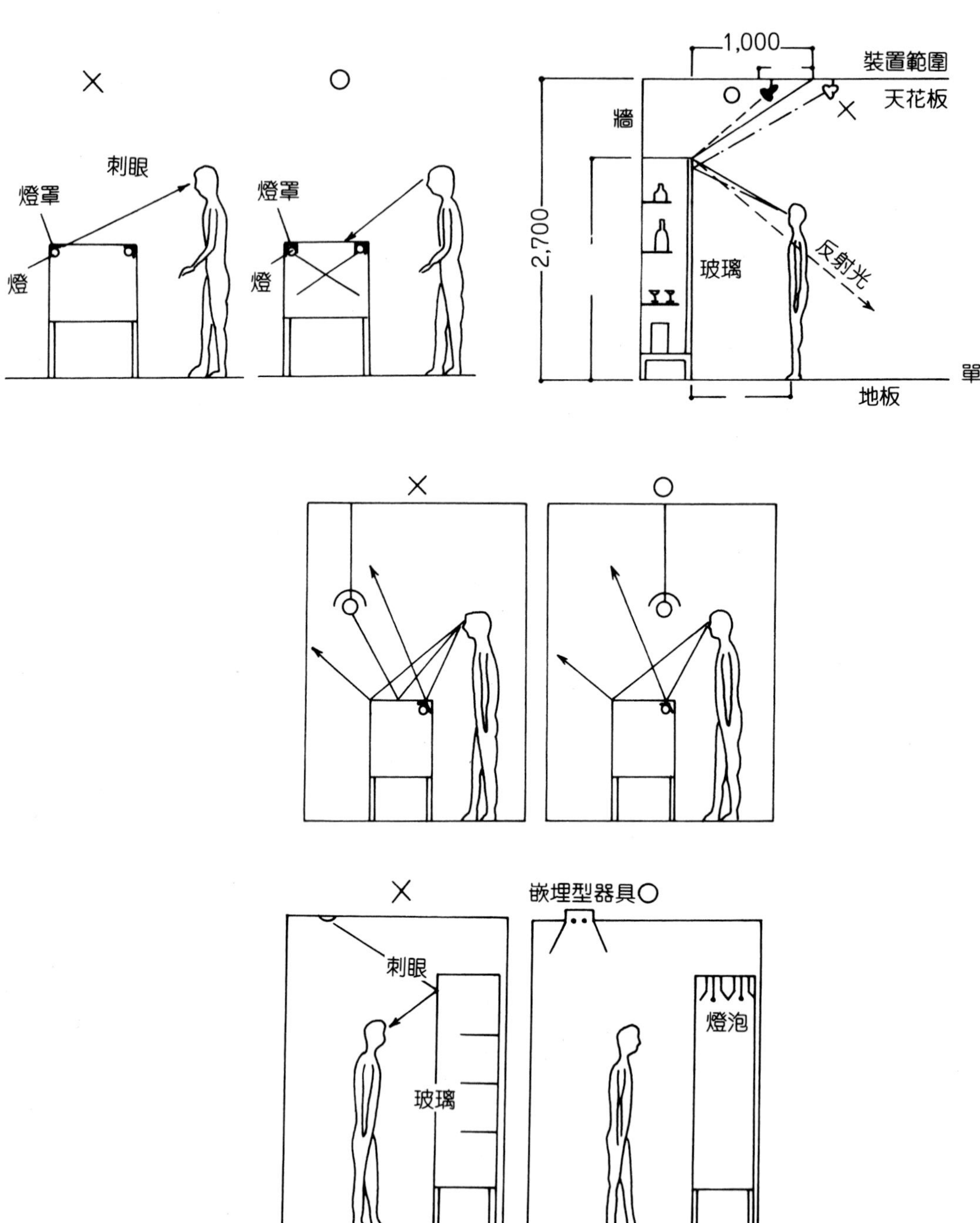

反射光、眩光之消除

• 櫥櫃照明之設置方法

各種大小不同的櫥櫃照明配置的方法不一，玆就各類櫥櫃照明設置的方法分述如下：

⑴大櫥窗之照明——僅採用日光燈照明缺乏色彩感，而大櫥窗陳列之局部必須有強的照明，用投光器、集光燈等，使展品有適當的強調性。有時配合陳列之變化，採用可變方向燈具；使陳列品能產生立體感，並可採用背面投光的方式來凸顯展品之主與賓之關係。

⑵可透視展場之櫥櫃——為求展示之整體效果，除了與展場內部燈光取得和諧性外，也應具備前述大櫥窗的基本照明方法。

⑶高位置之櫥櫃照明——可用全盤照明，並且使局部更明亮，因高位置櫥櫃之陳列展品通常較小，因此有時可用吊低除去眩光之燈具，並藉此燈具來增加裝飾效果。

⑷淺櫥櫃之照明——比較淺的櫥櫃對於展品的大小、陳列均會產生限制，對於燈具之使用亦然，如無法增設白熱燈泡時，可以增設櫥櫃外之補助燈光來達成效果。

⑸小型陳列櫥、臺之照明——可將其視為小型櫥窗，照明置於櫃內，通常採用管形燈具，日光燈裝於前項邊緣，或採反射罩投射光源。陳列架上展品照明可以用連續光源、全盤照明日光燈配合白熱加強燈。而地面陳列臺無法裝置燈具時，一般都利用在牆面或柱上，天花板之集光燈照明方式，如光源太低則易直射參觀者眼睛，因此裝置的高度、位置、投射光之方向均應注意，或者採用鎧板，以減少眩光，亦可在日光燈全盤照明之適當隔間中，隱藏可變方向、角度之集光燈與臺面位置取得和諧效應。

四、照明設計的程序

這裏所談的照明設計指的是，整個展示場的照明計畫至每一燈具的設置間的一切活動，其目的在於吸引參觀者的目光，進而誘導參觀者關注展示內容，藉而獲取知識或達成商業行為。因此，對於整個展示場的氣氛塑造的概念、參觀者的參觀心理、動線等等的各種要點，均需加以檢討，一般整個照明設計大概是依下述的程序來進行的：

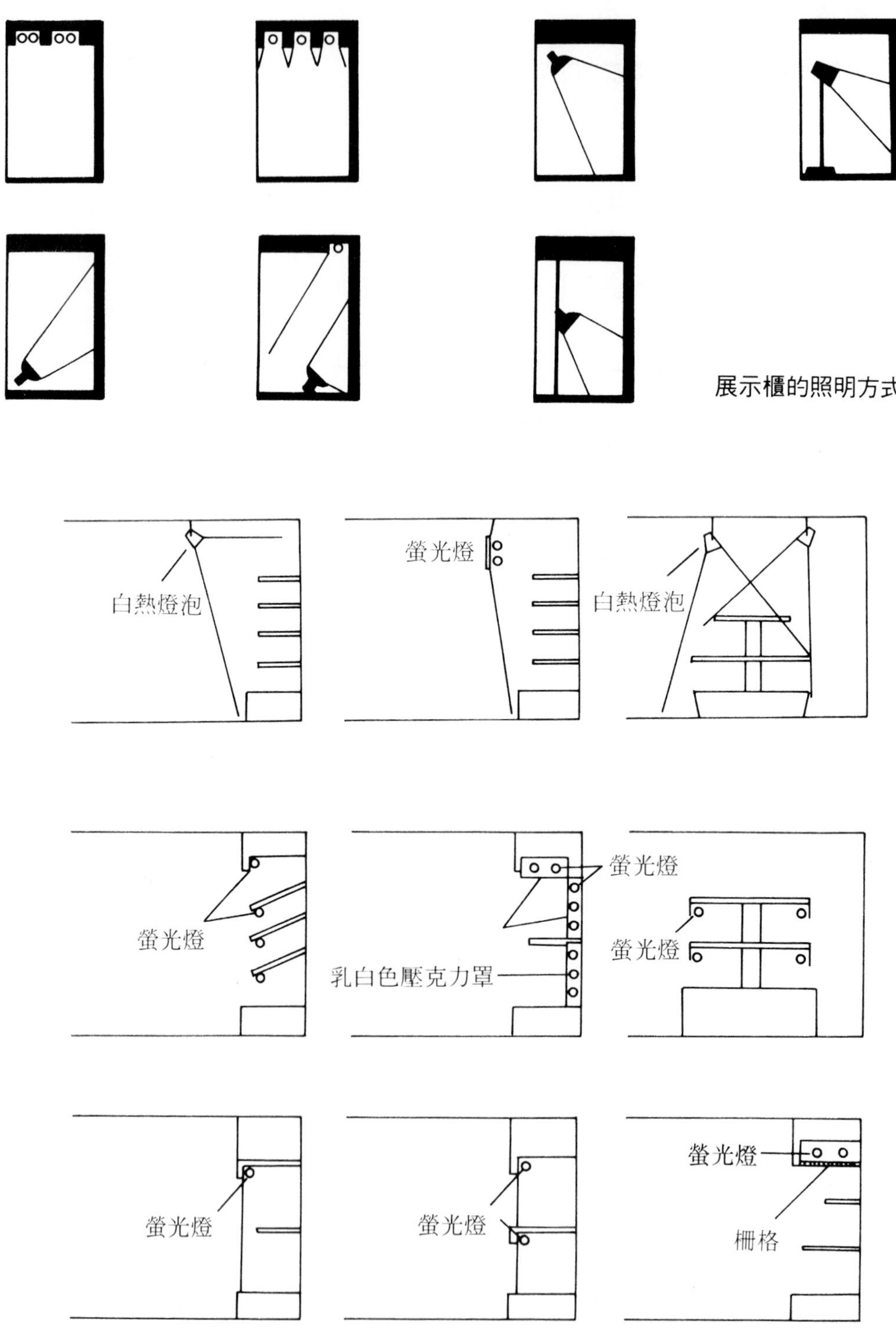

展示櫃的照明方式

各種展示橱架之照明方式

展出者的展出目的、展出場地的環境要素的理解	• 展示種類　• 展示型態　• 地域環境　• 展出規模 • 參觀者階層　• 展品特性　• 經營方針

↓

光環境之印象（IMAGE）塑造	• 光環境之分區計畫 • 明度、光色之印象設定 • 光的分佈狀態的印象設定

↓

照明條件的檢討	• 全體的照明水準　• 動線計畫與照度分佈 • VMD 計畫與照度分佈　• 色溫 • 環境照明與展品照明的調和

↓

照明方法的檢討	• 環境照明：基本照明、壁面照明、裝飾照明 • 展品照明：展示品照明、輔助設施的照明

↓

照明器具、光源的選定

↓

照明器具配置方式的選定

↓

照度分佈情形的檢討	• 以計算方式來檢討 • 以實物實驗方式來檢討 • 以縮尺模型來檢討

↓

調光控制機具的選定

↓

成本估算、調整與控制

↓

實施（施工）

展示照明設計之程序

5-4 聲音

一、展示與聲音

聲音是因爲大氣中傳來之縱波振動了耳內的鼓膜而起的一種感覺。在真空中因爲聲波無法藉由空氣來傳遞，因此便聽不見聲音，然而傳聲的介質並不只限於空氣，例如水不但能傳聲而且傳聲速率約是空氣的 4 倍。又如小時候趴在鐵軌上，聽遠處火車行走聲的經驗，可能有很多人都有過，鋼鐵傳聲的速率、效果又遠較前二者來得優越。

其次，聲音是由頻率、振幅及波形等三個要素所構成。所謂頻率是指在某一定點 1 秒鐘內通過波數的多寡，一般以赫茲爲單位，頻率的高低會讓我們感受到音調的高低，如尖叫聲的頻率高而吼聲的頻率低。而振幅指的是每一波峯波谷間的距離，它讓我們感受到的是聲音的大小。而波形是指每一波的形狀，它讓我們感受到的就是音色，我們可以辨別不同人或物發出之聲響，憑藉的就是各自音色之不同。上述的三項要素共同決定我們聽到的聲音之形態。

就頻率來說：人可以聽見的音域約在 16～20,000 赫茲間，超過此範圍者，我們另取名爲超音波來區別。而其他動物的音域又不相同，例如狗的音域約在 15～50,000 赫茲間，蝙蝠的音域約在 1,000～120,000 赫茲間，海豚則在 150～150,000 赫茲間。

音量的表示單位以貝爾（bel）來度量，但在實用上我們常以其十分之一的分貝（dlb）爲計量單位。例如在測量鬧區的噪音量時就以多少分貝作爲單位。一般以健康人在無聲環境下可聽見之最小聲音爲 0 分貝，而微風中樹葉飄動的聲音約爲 10 分貝，3 公尺距離外之講話聲約爲 60 分貝，通常聲音強度超過 110 分貝時會使人耳有不舒服感，到 140 分貝則會生痛覺，150 分貝以上時會產生聽覺器官之破壞。

二、噪音

噪音是樂音之相對語，其分別在於樂音通常具有一定的旋律，而噪音則無，但最大之區別在於人聽了之後的感受：聽了之後會覺得心裡舒暢、喜歡的是爲樂音；而聽後會感到不舒服、厭煩者則是噪音。

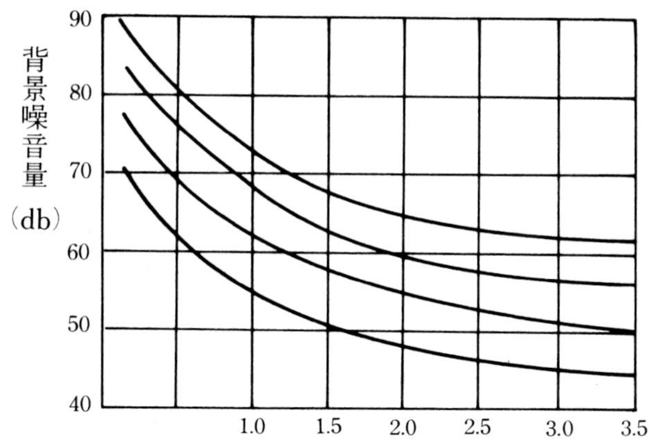

聲音傳達條件與背景噪音之關係

因此，同樣的聲音對某一些人可能是樂音，但對另一些人而言可能成了難以入耳的噪音，這是有趣的一個特性。

噪音的發生源大抵可分爲室外與室內二類，室外噪音主要是各種交通工具、施工機器、廣播……等所引起的。這類噪音引起的公害問題已是眾所週知之事。而室內噪音發生的主因則來自人的談話聲，機具、設備的運作聲音等等。爲了降低室內的噪音，除了一方面研究降低室內機具的聲音外，另方面也致力於室外噪音傳入的防止，例如利用隔音材料、隔音構造來隔絕室外之噪音。

人類的生活空間是不可能找到全無聲音之環境的，況且發現在無音實驗室中受測的人，因爲僅能聽見自己的呼吸、心跳聲而變得精神緊張、異常。所以，人的生活環境中是需要適度的聲音，因此如何以樂音來取代噪音便成了環境設計中聲音一環的重要工作了。

三、展示的音響計畫

所謂音響計畫是指對展示中聲音——樂音的控制來塑造一個良好的參觀環境。同時，對環境演出效果極爲重視的展示設計上，甚至可利用聲音來傳達展示的內容，提高展示的效果，因此展示設計中聲音的運用，不僅只是消極的掩蓋噪音，更具積極的達成展示目的之功能與使命。

音響計畫上基本的事項包括：殘響時間、回音及音響材料等。

1. 殘響時間：在室內發出聲音時，首先是直接音的傳出，繼而是反射音的加入、增強，當發聲停止時，直接音首先消失，繼之是反射音的漸次消失。所謂殘響時間，指的就是發聲停止（直接音消失）至所有反射音均消失所需之時間。當殘響時間短時可以清楚地聽見每個聲音單元，例如演講的場所其殘響時間就不宜超過1.1秒，否則前後干擾而聽不清內容。而殘響時間長時，可讓聲音聽起來有綿延不斷的感覺，例如教堂中常有2.0～2.5秒之殘響時間，因此聖詩聽起來非常柔和而綿續不絕，所謂餘音繞樑即殘響時間之效果。
2. 回音：回音（echo）是指一極短音之直接音與反射音到達某處之時間差。通常若超過1/20秒時，人的耳朵便能察覺，其引起之效應與殘響時間相同。通常劇場、音樂廳等大空間常易造成明顯的回音現象，因此常藉空間的形狀、材料的特性（反音板或吸音板）來消除其不良現象。
3. 音響材料：所有的材料（物質）對聲音皆有反射與吸收之性質，一般而言，聲波能大部份反射開的稱爲反射材料，而聲波大部份被吸收者則稱爲吸音材料（通常超過40%的聲波會被吸收的話即可稱爲吸音材料）。除了材料的不同，音波的頻率、音波的入射角、材料的厚度、裝設方式……等皆會影響其吸音量。

四、聲音與意象

聲音裏面包括自然的聲音，如蟬聲、雨聲，以及人工的聲音如打呼聲、歌唱聲等等，而各式各樣的聲音能傳達出許多人們共同的意象，例如蟬聲、流水聲能傳達夏天的感覺與清涼的感覺。在展示的音響計畫中，適度地運用聲音來傳達氣氛，也是常用之手法，所謂背景音樂（BGM）的使用即是。

5-5 材料

展示活動中無論是展品或輔助設施，只要是要把它呈現、製造出來，就不免要使用到材料。例如，展品的機能、強度，生產、加工特性，價格、經濟性等等，均隨著材料之不同而有差異。因此，材料特性之認識有助於展示活動的實現。

材料包括自古以來既有的以及最近開發出來的新材料，有關新材料之知識的獲取自是重要不說，而對於既有的材料之認識更是重要，如何適切地發揮其特徵、特性實是材料運用之目標。

一、材質感

在展示設計中談材料，除了了解其物理、化學、力學諸特性外，另外有一重點是材質感，也就是透過人的視覺、觸覺等感官而對材料產生的一種印象。此外，每一種材料固然有不同的材質感，就單一種材料而言，施以不同之表面處理方法，還會造成不同之材質感覺，例如花崗岩表面如施以打磨至光滑時，顯露出來的是種冰冷、堅硬的感覺，但是如果保留其上的一些小刻痕、鑿痕（保留粗糙面）時，它又表現出柔和、溫暖的感覺出來。其他材料亦有相同之例子，在此就展示設計中常用之材料概述如下：

二、木材

木材可說是展示活動中用得最多的一種材料，是一種非常熟悉而親切的材料。就其使用場合來看，它大都使用於中、短期（數日至數十日）之展示活動中，使用、解體、撤除都很方便，規格、尺寸非常多樣，材料來源充足，加工製作很容易等等都是木材具有的優點。

木材可分爲實木與加工木材二大類，實木是取自樹幹之實心木材，依其割製之型態可分爲板材、割材、角材三種。而加工木材是將木質原材料經過某種加工程序的木質材料，例如合板、木心板、纖維板、粒片板、企口板、集成材……等等種類極多。

1. 合板：是將原木泡軟削切成薄片狀，再依木紋縱、橫相間之方式膠疊而成之木板，藉此可得到較強之力學強度。合板一般常見之規格有：3 尺×6 尺，3 尺×7 尺，4 尺×8 尺等幾種，而合板之表面有保持素面的及貼付有各類面材的（包括紙、塑膠膜、防火膠膜……），此外也有一些防水、防蟲合板，種類可說不勝枚舉，使用時大可以隨使用需求找得適用之合板。
2. 木心板：合板之中膠合著木條之板狀材料，又可分爲實心木心板與空心木心板二類，其荷重能力不同。木心板亦有規格限制，通常也是3尺×6尺，3尺×7尺，4尺×8尺等三種。表面處理的種類也與合板類似。

3. 纖維板、粒片板：是將木料分解成纖維狀或細粒狀，再以樹脂膠合成板狀材料者，因為木材之纖維方向已消失，因此強度可得到提高。加上樹脂之種類極多，可製成各種特性（硬度、耐熱性……）不同之製品，所以目前使用量日增，是前途看好之木質材料。
4. 企口板：是一種被製成特定斷面規格之實心木板，其斷面型態有多種，利於不同場合之拼合、施工。
5. 集成材：將木材製成細木條再加以膠合成大尺寸之材料，除了經濟之目的外，更重要的是可消除木材之瑕疵及力學上的方向性……等。

不管實心木材或是加工木材，在展示中都是常見而重要之材料。

三、紙類、布類

目前市售之裝潢用紙材包括各式壁紙及多種的加工紙，在展示設計上通常是用於短時間的展示上，用來替代塗裝之效果，使用非常方便。但因佈膠時極易沾污紙面，因此有自黏性壁紙的推出。

壁紙或加工紙的表面可分為亮面的與消光面的；素色的或有花紋的；平滑面的或凹凸面；各種不同材料（塑膠膜、鋁箔、麻布、玻璃纖維……）的面材等等，種類非常多。

壁紙使用起來非常方便。但大面積使用時，會產生廉價的不良感覺。因此，大都只用於箱櫃、裱板類場合，而整體效果之營造，仍靠其他材質感較佳之材料來完成。

布類與紙相同地具有令人吃驚的種類。厚的、薄的，織法或質地之不同，素色與印花的，色調之不同等等。布類在指定、使用之際與紙類相同，都得靠實物樣品來作預約與指認。

與布類似的各式繩線，在展示中也是常見之物，其中透明之釣線因兼具高的抗拉強度，經常被用來吊掛物品用。此外各種有色繩線、塑膠線、尼龍線也常用來作構成材料，亦具有多樣的使用面貌。

四、金屬類

金屬材料因具有優越的表面材質效果。因此，除了作爲展示之構造材料外，近年漸漸地將之運用爲面材的機會增加了許多。

構造用途之金屬材料有圓棒、圓管、角鋼、型鋼……等形狀及輕量形鋼和重量形鋼等種類。面材有平板狀及擠製之各類形態之化粧板。而材質來分常見的有鋁、銅、鐵、不鏽鋼、鉛、鋅及各種合金。

使用上以圓棒狀的鐵筋及各式角鋼用得最多，因爲其具有優越的強度和便於加工之故。而線類中的鋼琴線常用來吊掛物品，而鋼索類則用於構造上較多。

金屬的表面處理依所需要之效果，使用之場所、期間、頻率之不同，而作噴漆、烤漆、電鍍……等不同之處理。

五、石材、磁磚類

石材之材質感比起木材來更豐富而多樣，在展示活動中主要是受限於其重量、搬運上之問題而沒有積極地使用它，頂多於地板上鋪上一些細砂、碎石之類的作法罷了。

石材之種類很多，石板中一般最常見的是花崗岩。這種石材的特性是耐久力極佳，建築、廣場、道路、雕刻等用途均常見。花崗岩之色澤受其組成成分之影響而有許多種不同而美麗的效果。花崗岩因質地極硬，因此加工之難度頗高。表面處理方面可以雕、鑿、磨等方式作出自粗糙至光滑之許多種不同效果來。

大理石是本省一種豐富的資源，主產於花、東一帶。主要是用來作爲室內地板、壁板等建材使用。其質地比花崗岩稍軟，因此加工打磨都較易些，省產大理石之顏色大致由白色至黑色呈五類分佈，其中以純白色泛奶油色光澤者價值最高。

其他如砂岩、石岩等石材種類亦不少，展示上主要是運用其材質感之不同表現爲主。而相對於天然石材的人造石材亦有許多種類。其作法通常是利用白水泥混合一些天然石材之細石粒來成型、研磨成板狀或塊狀，可以模仿或改變天然石材之質感。而這種人造石材的運用在目前正有慢慢擴展的趨勢，也許將成爲明日石材之主流。

磁磚是以接著劑、水泥貼黏起來的小片薄板狀陶瓷器物。磁磚的種類、規格非常多，有室內、室外用的，有光澤、無光澤的，花樣、燒成效果、色調、形狀、大小等可說形形色色，且各家產品又都不同，因此使用之際，通常以實際樣品來比較、選擇。

六、玻璃

玻璃的起源非常地早，約在西元前 1500 年前就有埃及人使用玻璃製品的記錄了。產業革命之後，近代玻璃工業開始於英國萌芽，1850 年代德國的西蒙兄弟以煉鋼之平爐來熔解玻璃，使玻璃得以進入量產時代。今日，各類玻璃製品之種類、作工之精進已是有目共睹的了。

玻璃材料中以玻璃板用得最多，玻璃板又可分成幾類：

1. 普通平面玻璃：玻璃之兩面均是光滑之平面。
2. 雕花玻璃板：玻璃板之一面或二面壓有光紋、圖案。
3. 含金屬網之玻璃板：即玻璃板於成形過程中夾入金屬編成之網狀物質，可以加強其強度。

此外，還有一些特殊玻璃，例如：強化玻璃、隔熱玻璃、防紫外線玻璃、色玻璃、鏡面玻璃，或半鏡面玻璃等等種類繁多。

而玻璃材料在光的反射、折射、透過等特性上有極特殊之處，加上硬質感、清潔感，以及加工、強度上的優勢，使得它成爲展示設計上越來越重要之角色。

七、塑膠

塑膠是近年的產物，但種類却以相當迅速之速度在增加中。塑膠大體而分可分爲熱可塑性塑膠及熱固性塑膠兩類。

透明的塑膠板如壓克力、PS、PC……等與玻璃板有類似之效果，而加工性比玻璃更好（如鑽洞、切割、彎曲……），又不似玻璃般易碎易裂，因此常被用來取代玻璃。但是耐氣候性不佳及易生靜電等是其弱點。

除了上述各類材料外，實際展示上之各類觀葉植物、水、土……等運用到的物質，也都稱得上是展示的材料。

5-6 影像媒體

所謂「影像媒體」指的是展示活動中，運用各種光學或電子的設施經過處理，再現出來的各式影像。影像展示一詞是個比較新的用語，將影像運用於展示上，首推 1967 年的蒙特利爾萬國博覽會（EXPO '67）。之後的 1970 年大阪萬國博覽會（EXPO '70）以至於 1985 年的筑波科學博覽會時，幾乎各個展覽館中都以影像媒體爲訴求、展示之重點了。不僅大型之博覽會如此，小型的商業空間展示（甚至於街頭、夜市）上也大量地出現著各式影像媒體。因此，若說影像媒體是將來展示之主流應不爲過。

影像媒體何以如此受人歡迎，大致可從幾方面來理解：首先是能創造出多彩多姿的空間感，另外是由於硬體設備之發達其演出性更爲擴大，在這樣的空間中參觀者可以得到很深的環境體驗及產生極大的興趣。此外因爲影像媒體的可加工性、多變化性、再現性、記錄性等性質，使得展示設計者能更容易地創造出所欲營造的氣氛與訴求之內容。

影像展示通常可以大分爲二類，一是影像本身爲展示的主體，例如電影院中放映的影片即是。另一類是作爲營造空間氣氛的工具，釀造出某種環境氣氛讓參觀者更容易進入展示訴求的主題中，例如很多電視牆之用來塑造氣氛般。

而目前之各類影像媒體所創造出來之效果，倘以空間之觀點來看的話，其特徵大約可區分爲：

1. 錯視的空間效果：以影像的品質之提高爲基礎，運用各種特殊手法來塑造視覺上的逼真效果者。例如大型影像、高解析度影像、立體影像之類的效果。
2. 物理的空間效果：運用影像之投射方法來提高臨場感者。例如分割畫面影像、球形螢幕影像、全週螢幕影像之類的效果。
3. 複合的空間效果：將影像與實人、實物的展示、演示併合一起，以造成臨場感與意外性之強烈印象者。例如將真人與影像中之人物一起演出之類的效果。
4. 參與的空間效果：以誘發參觀者之參與行動，而以影像將參觀者之參與情形即時顯現或加以變化呈現出來的效果。

二、影像媒體之種類

所謂影像媒體的種類以及其使用場合可說不勝枚舉，我們依其使用場合將其分類如下：

1. 電影
2. 電視（TV、CATV、CCTV）
3. 促銷、PR影像
4. 教育、傳播影響
5. 遊戲、餐飲設施影像（電動玩具、遊樂區及餐飲店的卡拉 OK、點唱機等）
6. 資訊通訊影像（個人電腦通訊、資料庫系統）
7. 個人用、一般市售影像（錄影帶、影碟、家用電腦、個人電腦、CD-ROM、CD-I）
8. 展示影像（本書所述之範圍）

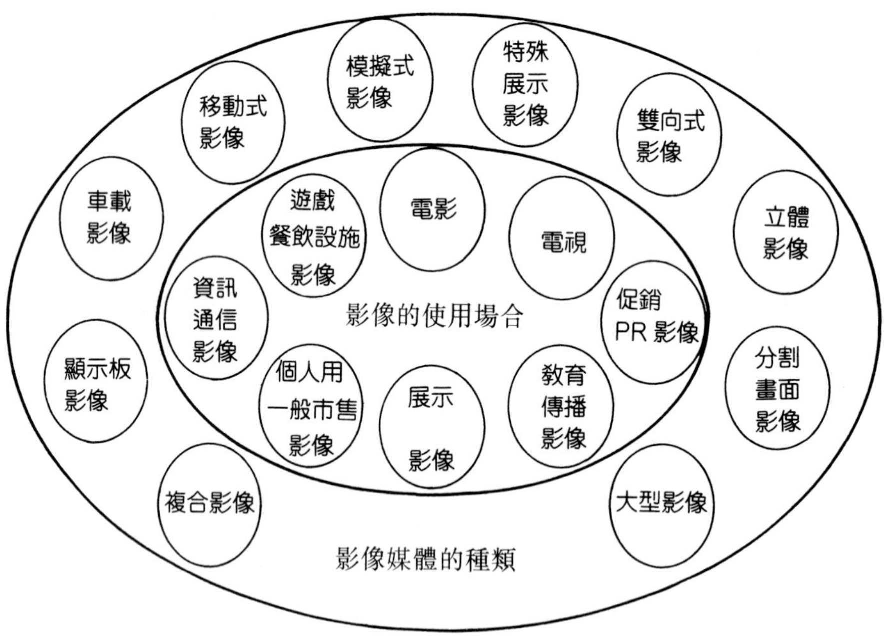

影像媒體的種類與使用場合

展示用影像媒體的種類與特徵說明如下：

1. 大型影像：就影像的硬體開發而言，大型化可說是一個永遠追求的主題。由平面螢幕的大型化起，繼之而來的全週螢幕、全天域螢幕，最近甚至將地面也成爲銀幕的一部份……這種種形態均是著眼於將參觀者之週圍環境全部影像化的嚐試。

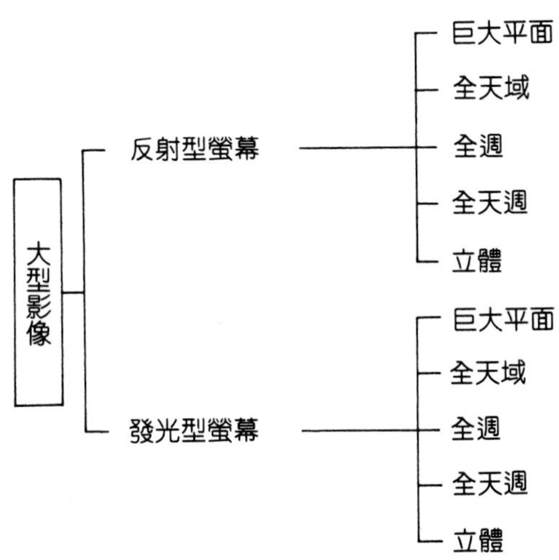

大型影像之分類

(1)巨大平面螢幕與參觀者之關係圖

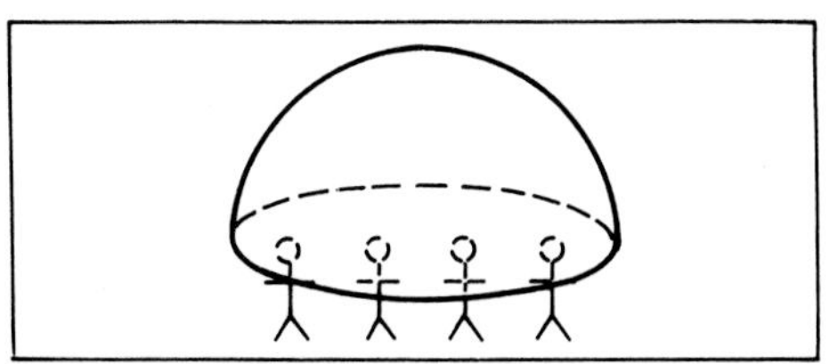

(2)全天域螢幕與參觀者之關係位置

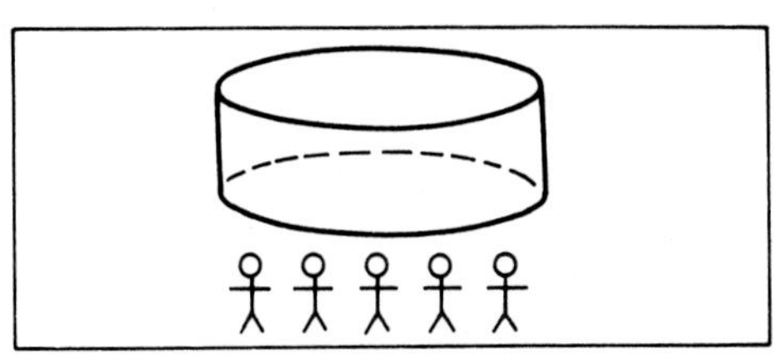

(3)全週螢幕與參觀者之關係位置

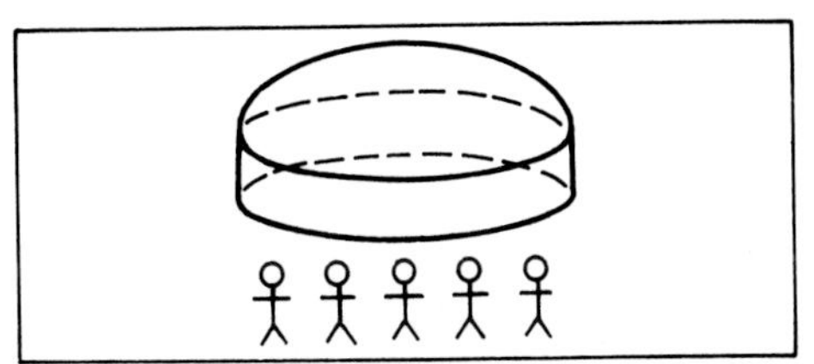

(4)全天螢幕與參觀者之關係位置

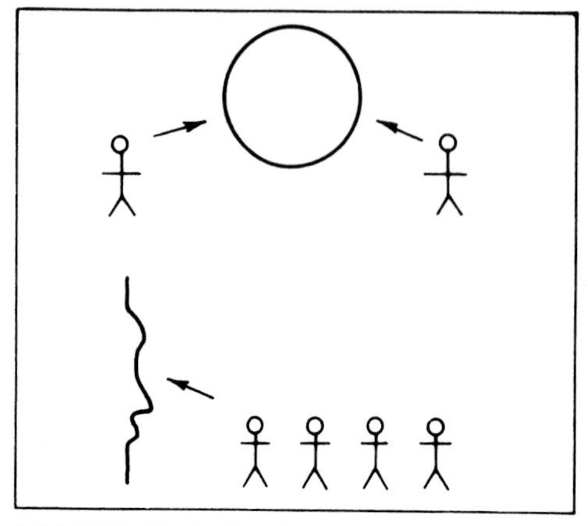
⑸立體型螢幕與參觀者之關係位置

各種大型影像之示意圖

2. 分割畫面影像：由許多小畫面集聚而成，與大型影像有類似之效果，藉此可將多種內容、事象，同時地組合展現出來。其硬體可包含軟片類及電視影像（電子）類之多種系統。

分割畫面影像——由數個影像單元合成

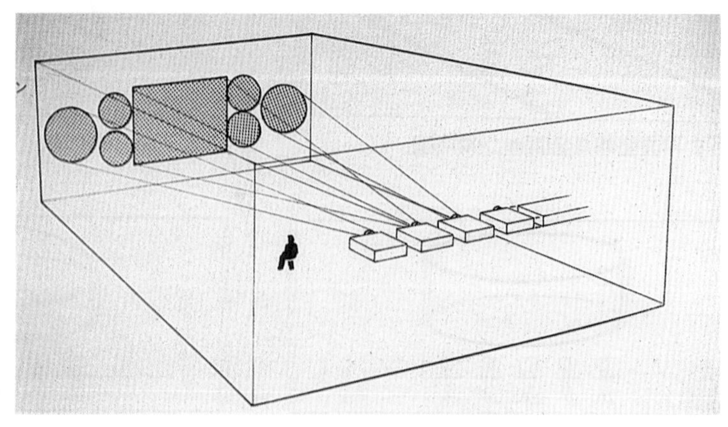
分割畫面影像——電視牆

3. 立體影像：將銀幕之深度塑造出來，影像中的物體會飛出來般地具有立體感的所謂 3-D 影像。它可展現出原來二次元影像所沒有的新鮮體驗，是整個影像界之未來趨勢，目前在展示場合中已漸漸增多。而其硬體設施也從原來的軟片類系統發展到效果更佳的電子系統了。

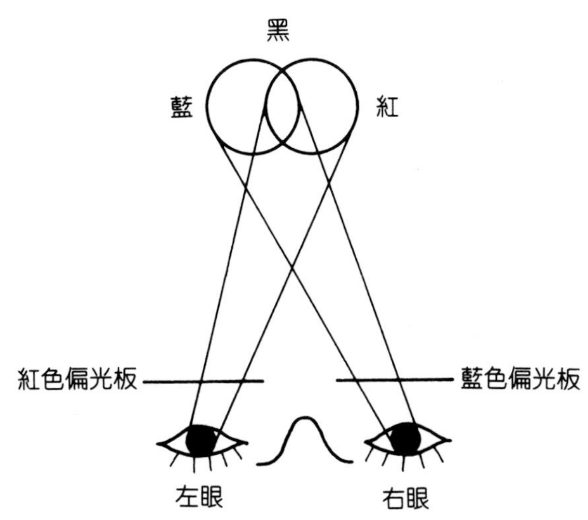

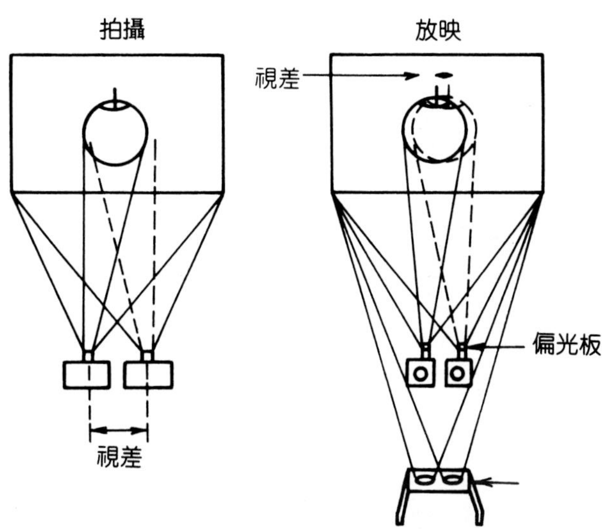

利用紅藍方式造成立體視覺之原理

4. 雙向（對話）式影像：從來的影像都是由螢幕單向地向參觀者發送資訊、印象。現在，參觀者能夠參與、加入影像中或與影像形成雙向對話的影像系統漸次地被開發出來。例如參觀者的臉孔可顯現於影像中，或影像中故事的發展可由參觀者選定……的系統。此外，伴隨著影碟的運用，各種檢索型的系統發展得很快。因此，這類的影像的運用也將更加容易。

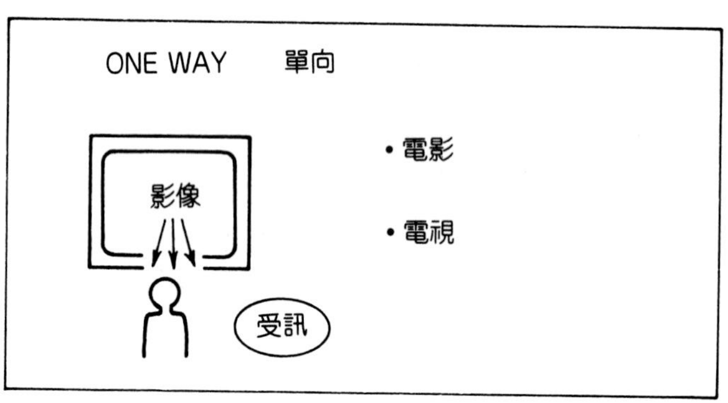

單、雙向影像媒體之概念圖

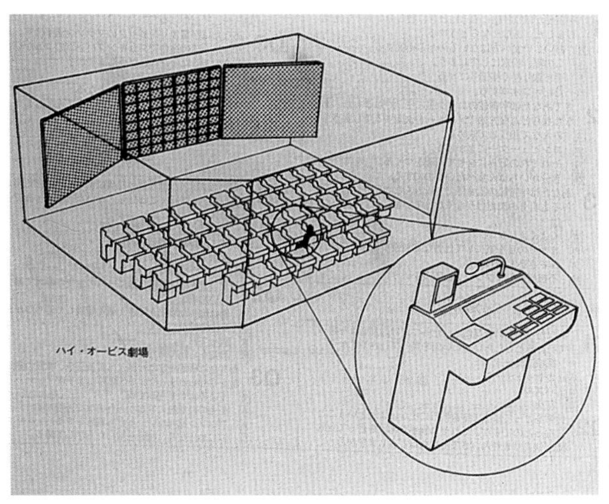

雙向式影像劇場及其設備

5. 特殊展示影像：利用特殊透鏡、特殊螢幕或特殊之裝置等來產生與從來慣見者不同效果之影像。它遠離了傳統影像的概念（黑暗的劇場中，影像投射在螢幕中），創出許多新奇的影像感受。

各種特殊展示影像

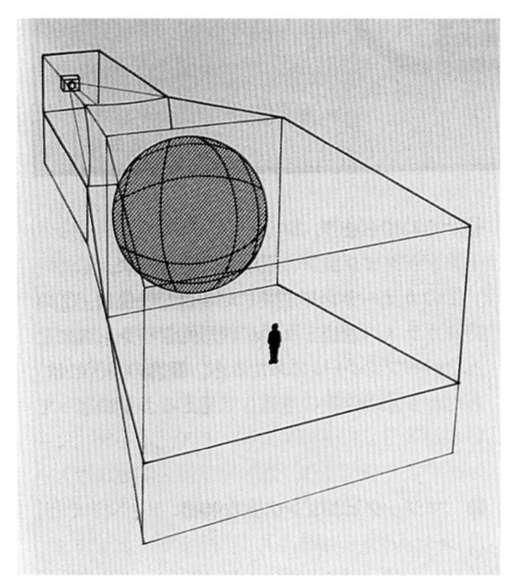

(1)萬花筒影像：將影像經過特殊透鏡再投射於螢幕上，即可形成如同自萬花筒中看見之影像。

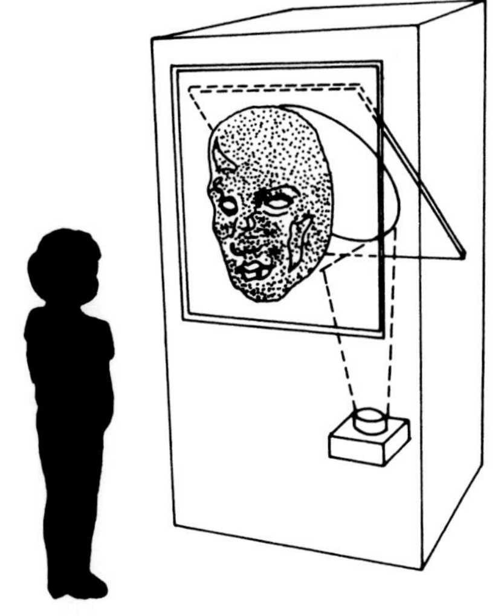

(2)optovision：將影像經反射鏡投射
上，可形成極逼真之效於立體螢幕

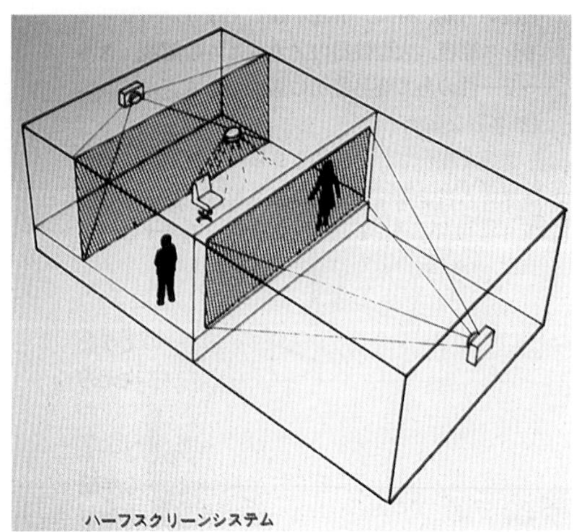

⑶半透明螢幕影像（HALF SCREEN SYSTEM）：將影像投射於半透明螢幕上，並與螢幕後面之演示景象合而爲一。

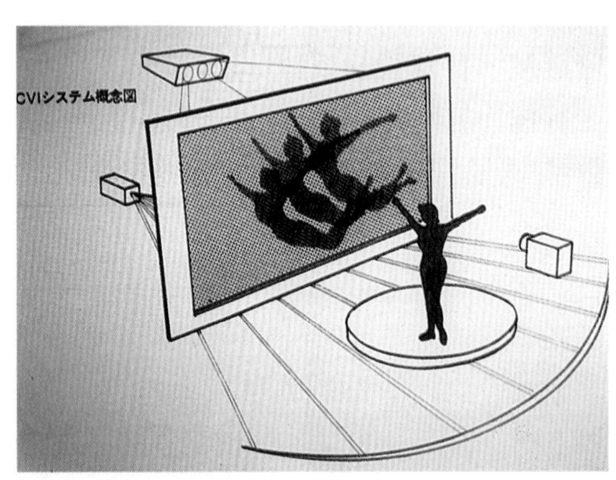

⑷CVI 影像系統：將演示者之影像攝入攝影機中，再於處理機中加以變化，並投射於螢幕上，可得到即時變化的效果。

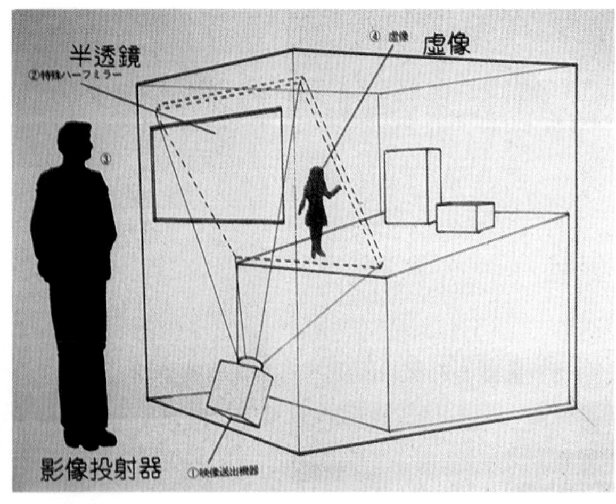

⑸魔幻劇場影像（MAGIC VISION）：參觀者透過半透鏡（HALF MIRROR）看影像投射器投射出來的影像時，可以看到如同存在於空間中的眞實物體（虛像）。

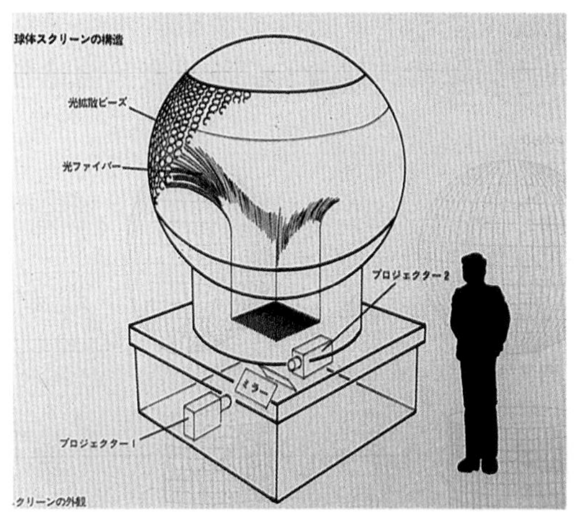

(6)大型曲面螢幕影像：利用光纖將平面影像導至曲面螢幕上，變成曲面效果。

6. 模擬式影像：是一種從螢幕中顯映出能顯現擬似體驗要素的影像，讓參觀者獲得「身歷其境」之體驗的影像系統。最近由於影像合成、雙向控制（interactive control）等尖端技術之配合，使得螢幕以外的擬似要素大量加入而加強了體驗的效果。

模擬式影像設備——參觀者可獲得身歷其境之環境感

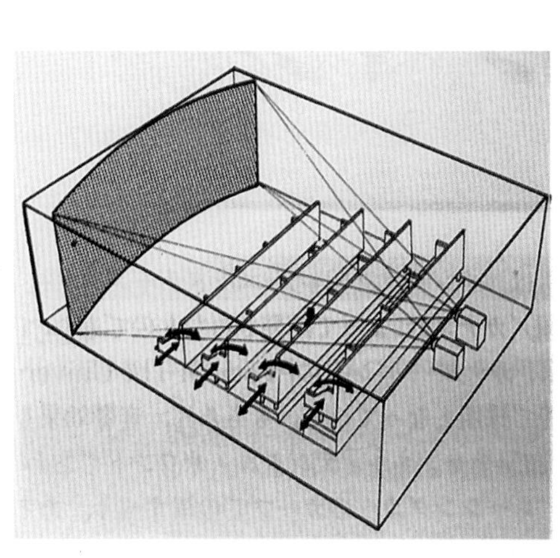

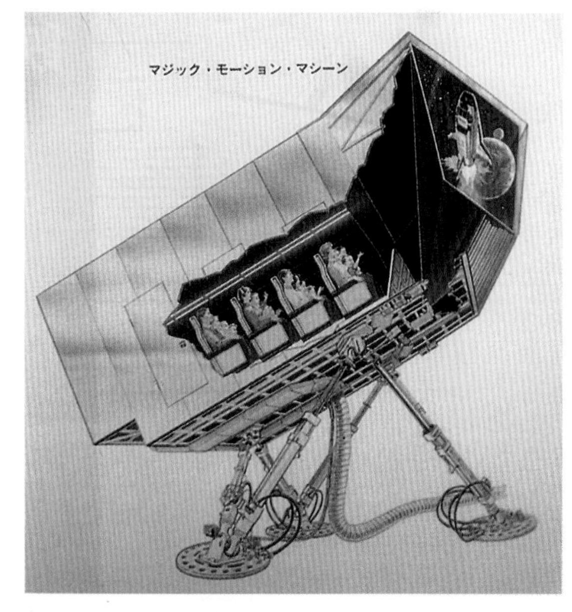

7. 移動式影像：傳統的影像系統中螢幕、放映器、參觀者座位等均是固定不動的，所謂移動式的影像系統打破了這種規範，前述各

各類座位移動式影像：

(1)

(2)

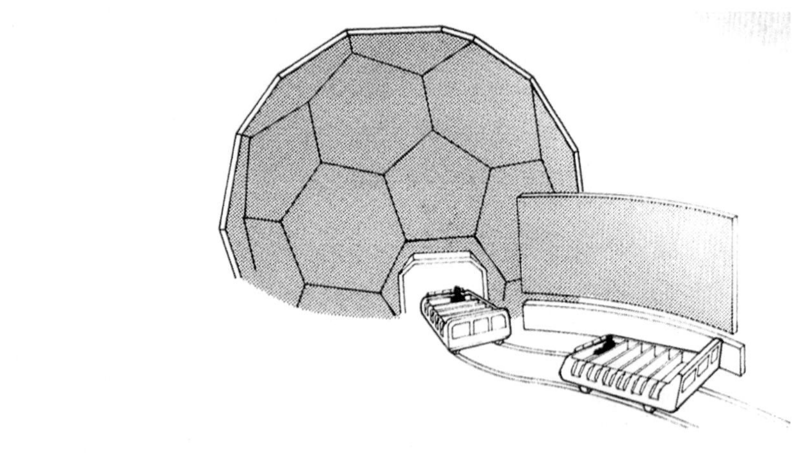

(3)

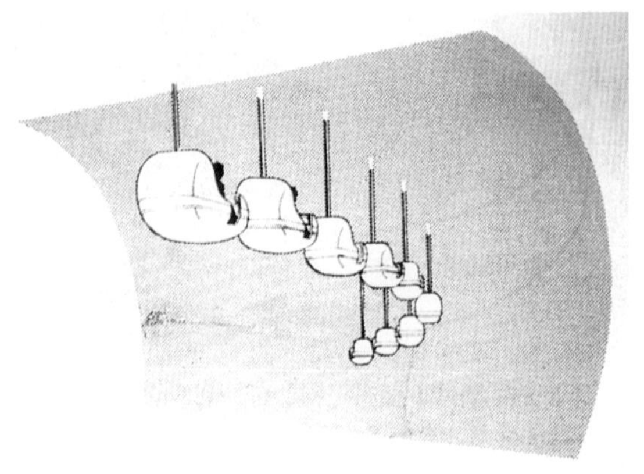

項物體均可能使其成為移動狀態，例如螢幕會移動、放映器會移動或座椅會轉動、移動等。

(4)

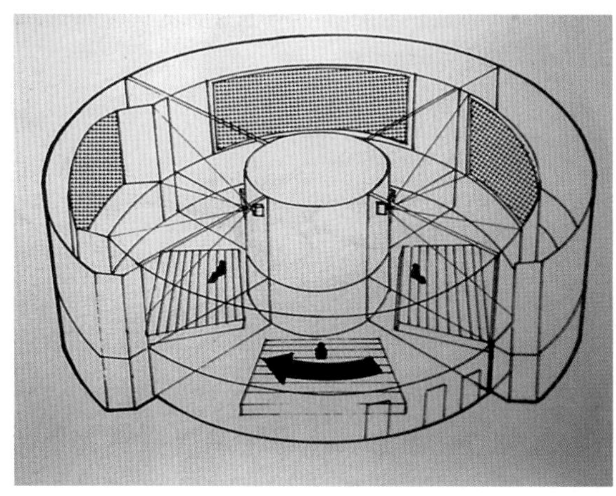

(5)

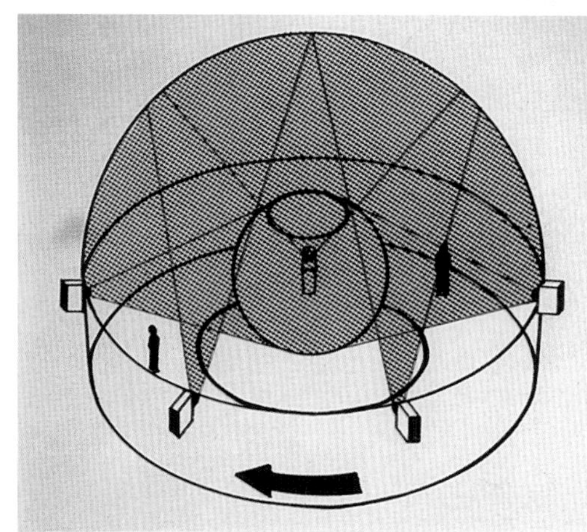

(6)

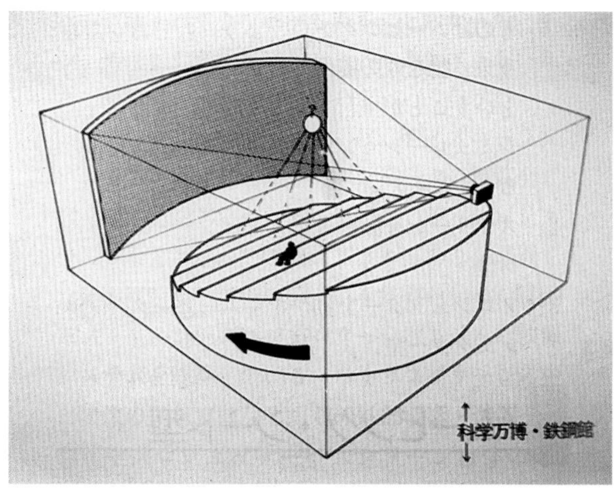

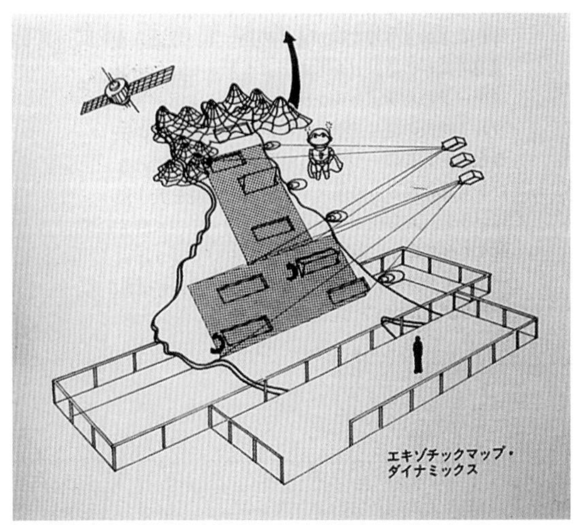

各種螢幕移動式影像

8. 車載影像：全套的影像設備裝設在車上，由車子載著巡迴大街小巷，而影像則一面放映著或於某特定地點再行放映。這樣的影像媒體常見於廣告目的之展示上。而廣義的車載影像尚可包括由飛機、氣船等空中工具及船舶等海上工具所搭載映出之影像系統。

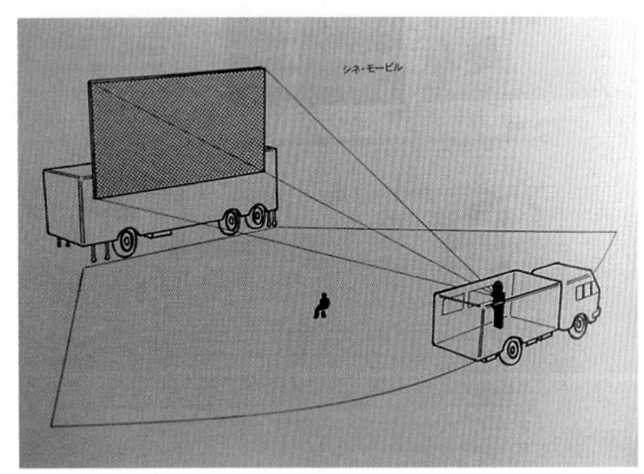

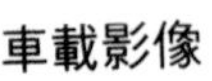
車載影像

9. 顯示板影像：最近的街頭除招牌、霓虹燈外也出現了一種可變換內容，非常多樣的影像式顯示板。不但夜間，連白天也可清楚看見其內容。透過這種顯示板的影像似乎連街道景觀也有走向影像化之趨勢。

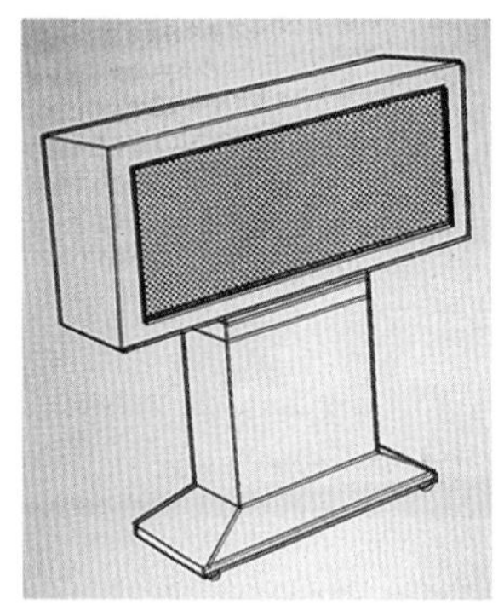

影像顯示板

10. 影像的相關週邊：因爲展示活動中的影像系統比傳統的影像系統來得多樣。因此，有許多關連之系統也非傳統影像上所使用者，例如：全像攝影（holography）及雷射光等，此外照明裝置在透過電腦的控制之後有時亦成爲影像媒體之一份子了。

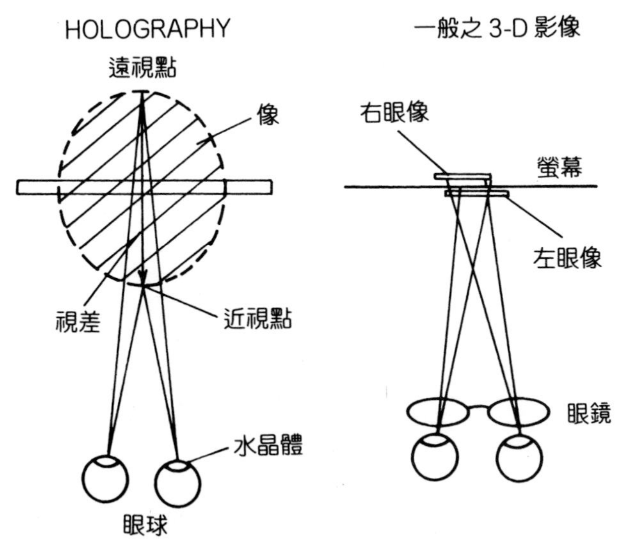

HOLOGRAPHY 與 3-D 影像之差異

雷射光之運用

11.複合影像：前述之各類型影像媒體加以複合使用者稱之。最近有許多影像型態既是大型的也是分割畫面的，又是立體的……等，即將之歸入本類。因此，本類可說是前述各類型之綜合運用結果。

三、基本的影像設備

1.幻燈機：用來放映幻燈片用，送片方式可分爲手送與自動二類，而片匣分爲直線型與圓型二種。多臺幻燈機併合使用可製成分割畫面影像效果。

12
幻燈機

12

2. 電影放映機：用來放映電影影片，分大會場使用的 16 厘米，35 厘米及家庭用的 8 厘米三類。

13

13
16厘米電影放映機

3. 大型的電視顯示器（TV monitor）：銀幕大小自 25 吋至 45 吋左右，與家庭用之電視類似，僅缺少了調諧器無法獨立放映影像，普通電視機亦可代用。

14

14
電視顯示器

4. 三槍式影像投射器：可將電視、錄影機、影碟機等之影像訊號投射至銀幕上成像。由紅、藍、綠三色槍投射合成。其銀幕大小隨品牌不同而異，約在 30～300 英吋間。

15

15
三槍式影像投射器

16
四畫面影像顯示器

5. 四畫面影像顯示器：如圖所示之顯示器是由 4 個 40 英吋之畫面合成，是分割畫面影像中常用者。

16

6. 靜止畫面系統（still video system）：可將錄影帶等之內容以靜止畫面形式儲存於磁片中，並可將之分割成 2～16 面之分割畫面。

17

17
靜止畫面系統

18
電腦影像處理系統

18

7. 電腦影像處理系統：專門用來處理影像，例如加入標題或合成畫面等用之電腦。

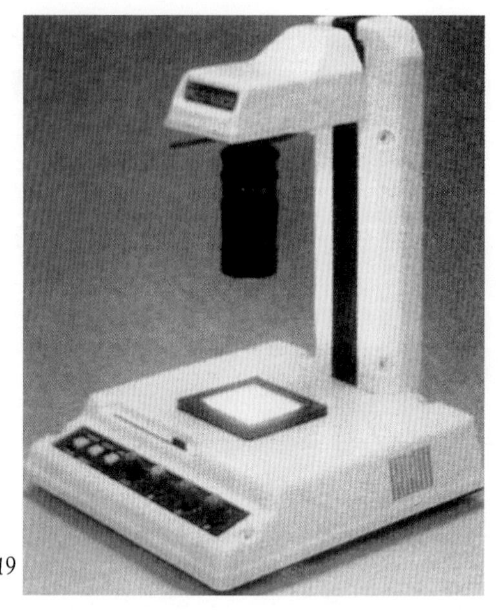

19
影像輸入系統

8. 影像輸入系統：將軟片類資訊轉換成電子訊號類資訊用的，例如將幻燈片拍成錄影帶。

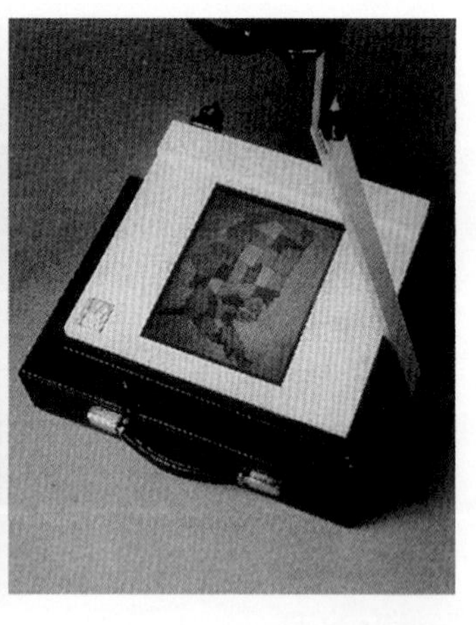

20
OHP機器與資料顯示器

9. 投影機（OHP）：會議、教育上使用極多之機器，投影片之製作極爲便利，所以用途極廣。
10. 資料顯示機：可將電腦螢幕中顯示之資料直接透過投影機投射出來。

5-7 展示的器具

所謂展示的器具指的是支持、支援展出物展出的各類容器、道具的總稱。再詳細地說，包括展示單元體(display unit)、展示櫃(show case)、展示架(display stand)、人體模型(Mannequin)及各種小飾品、道具等等。

從事展示器具之設計製作時，應考慮之重點有：(1)能兼具展現展出物特點及保護展出物之功能；(2)能提高訴求、傳達之效果；(3)能方便地設置、使用；(4)能藉其顯現空間環境之特色。

一、展示單元體（display unit）

展示單元體（以下簡稱 D. U.）是展示器具中極具代表性的一類，它經常是透過某些單元（unit）的結合、組合而顯現陳列、展示的機能來。D. U. 就其構造來分大可區分成：

1. 骨架（skeleton）方式：由一些棒材、管材所組成的系統。
2. 裱板（panel）方式：由一些板狀材料構成。
3. 箱櫃（cubic）方式：由一些箱狀單元構成之三度空間單元。

上述三類是為 D. U. 之基本型，在實務上出現的多是其混合型，

21

22

23

21.22.23

各類展示單元體

例如：

4. 裱板＋骨架方式。
5. 骨架＋箱櫃方式。
6. 裱板＋箱櫃方式。
7. 骨架＋裱板＋箱櫃方式。

除此之外，有時也會再加上一些線材、懸吊材來組合使用。

D. U. 之價值在於使用上之審美性、變化性、互換性、統一性、便利性等特性。但要注意到的是，畢竟展示中的主角應是展出物，因此展示器具不宜搶過展出物之風采。此外由於 D. U. 大抵是量產品，因此比較上容易喪失個別展場之特色。至於 D. U. 都是以組合之方式來使用，因此在設計、製造時應特別注意尺寸規範（模矩）以利互換搭配。

二、展示櫃（show case）

展示櫃是具有陳列、保護、收藏展品功能之一種展示器具。由於它本身就具有區隔空間之功能，所以常賦予它分割空間、塑造空間特色之任務。因此，展示櫃之形狀、大小、材料、表面效果等之良否及排列方式對環境特色之塑造有極大的影響。

24.25
展示櫃

24

25

展示櫃除了一些特殊者外，通常都是以透明平面玻璃與金屬框架所構成。此外，曲面玻璃、壓克力板、木板等的使用讓展示櫃又呈現更多種面貌。

對於參觀者來說，露出展示與展示櫃展示之差別就在於與展品的隔離感。隔離可讓展品的價值感提高，但會造成與參觀者之疏離感，因此最近有些從管理者、參觀者兩方向均能開啓之展示櫃。

當然展示櫃中之展品，亦可藉由光之運用來提高其美的效果。照明內藏型展示櫃是常用之型態，由於櫃內距離較近，因此容易取得有效之照度。但因櫃內散熱較成問題，所以常用螢光燈（F.L.）之類發熱量較低之燈具。

三、展示架（display stand）

展示架通常是用來展示比較獨立且資訊量較少之展示的器具。這類器具之特性爲擺設、移動、收拾均很方便，且除了具載承展品之功能外，有時亦具有 POP 之功能。

現行之展示架以線狀及框架狀構者爲主，移動式較多，固定式亦有。

26

26
—
展示架

四、人體模型（mannequin）

是最常用來展示服飾類展品用之器具。其種類、型式可分成多種類，就表現型式分有：(1)具象的、半具象的及抽象的；(2)放大的、等身大的、縮小的；(3)立體的、半立體的、平面的；(4)全身的、半身的及部份（如手、頭等）的；(5)站的、坐的、臥的……。在採用人體模型時考慮之要素大概有以下幾點：

1. 表現上之需求：以何種形態、大小、姿勢……等的人體模型始能符合展示意欲。
2. 使用上的需求：是否經常要分解、組合（如替換衣物等），裝設容易否。
3. 材質上的需求：以何種材質感（材料質感或仿皮膚質感）、表面處理方式……等。

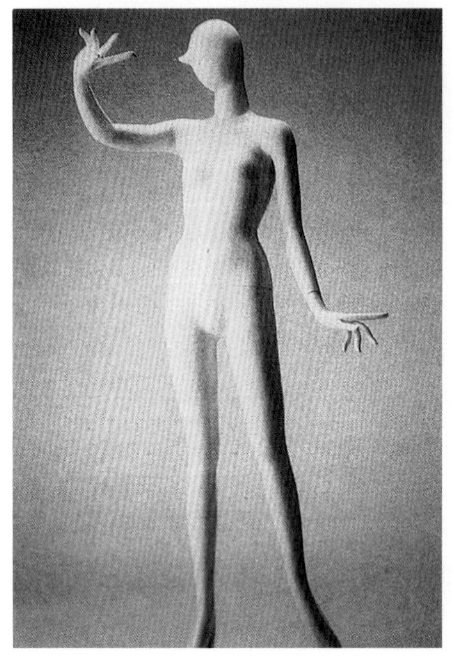

27

27.28.29

各種人體模型

28

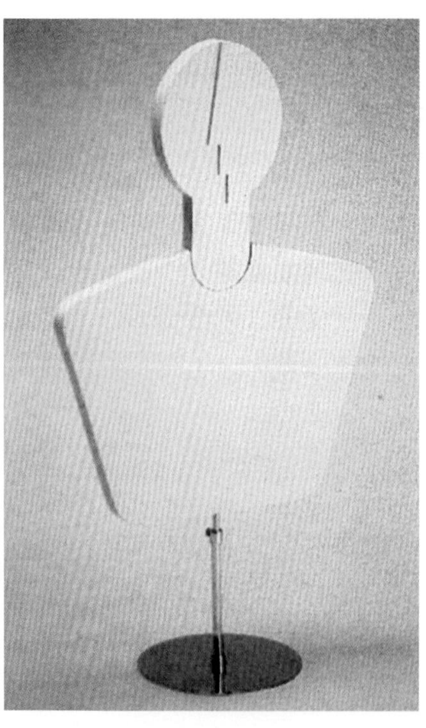

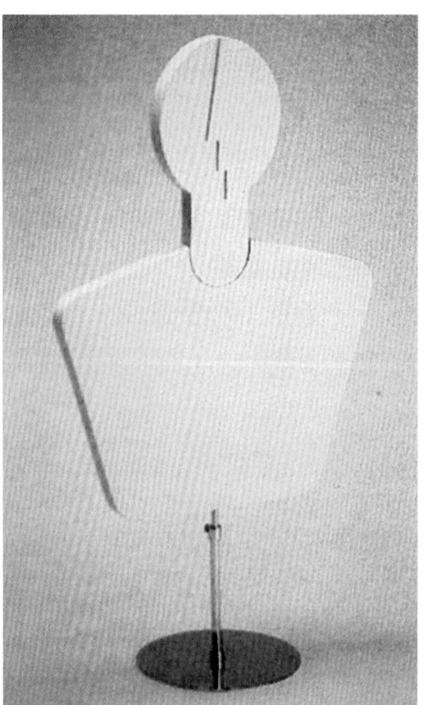

29

展示器具 ＼ 資訊種類	人體模型類 	裱板類	桌檯類	吊架類		櫥櫃類	棚架類
▨	◎	◎	○	○			
▤	◎	○	○				
⛆					◎	◎	○
□			○		◎	◎	○
示意圖	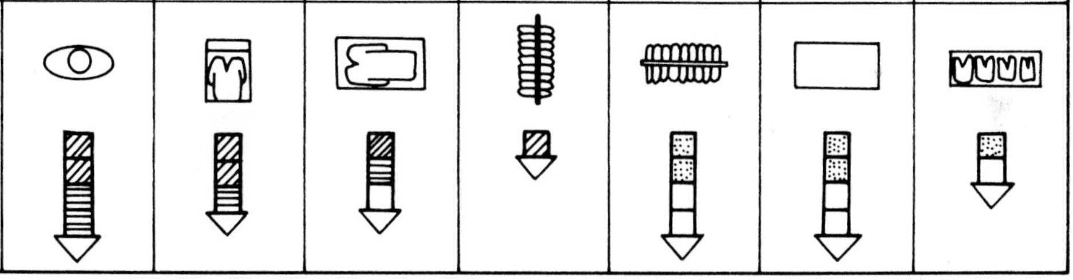						

▨ 形態的傳達力

▤ 展示印象的傳達力

⛆ 量、種類的傳達力

□ 行為之補助傳達力（觸摸、取出之方便性）

各類展示器具對不同資訊的傳達能力

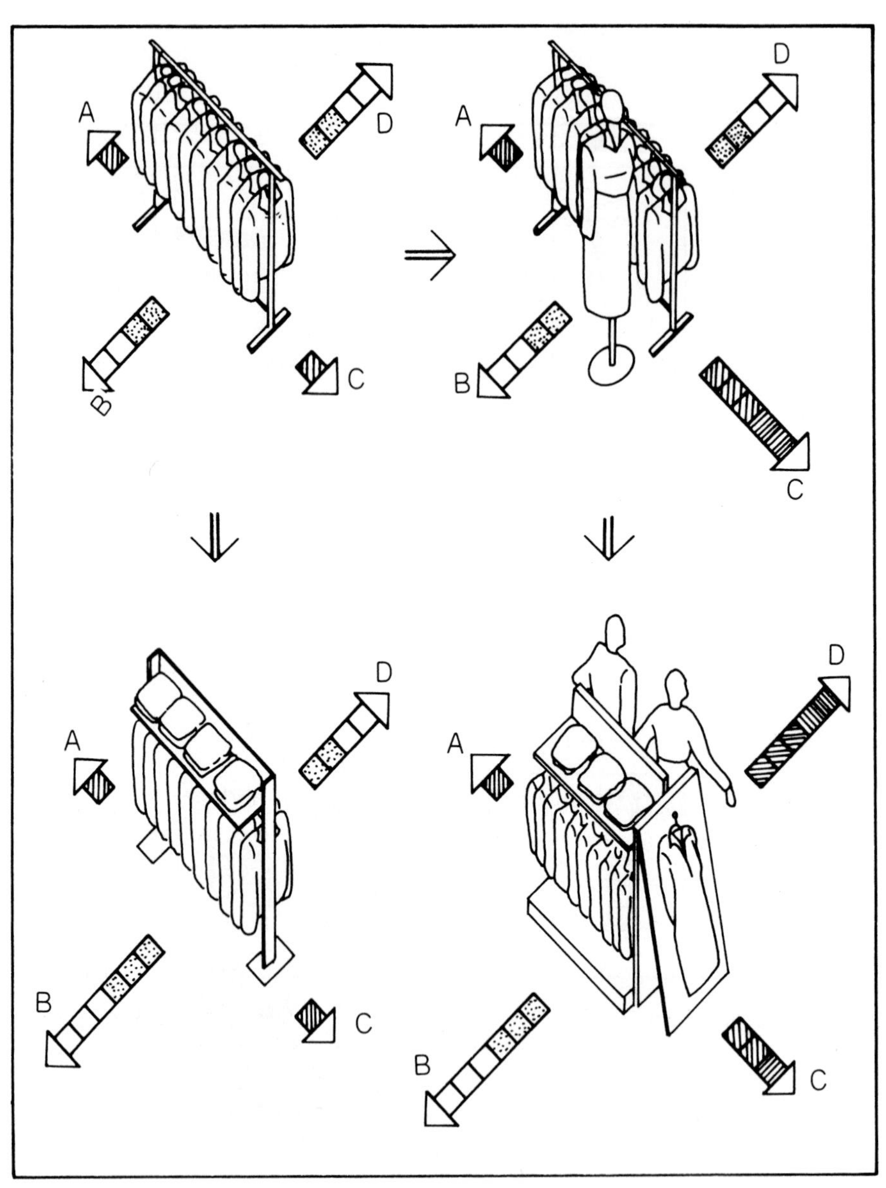

利用各種展示器具的組合來強化傳達力

5-8 展示的動態裝置

動態的展示裝置是指展品、背景、參觀者視點間會產生動態變化的裝置，在目前的各種展示中均常見到。進行動態裝置之設計大致分成三個要點：(1)效果：即欲得到何種效果。如轉動、移動、跳動、閃動……。(2)能源：以何種能源來供應裝置之動作。如風力、電力、彈力……等。(3)構造：以何種構造形式來達成動作。以下僅就能源之種類作簡單介紹：

1. 風力（空氣）的利用　風是空氣對流產生之現象，經常因風或空氣對流可產生物體「搖動」之效果，而裝置利用的風可以是自然風或由電扇吹出之人造風或由熱產生之對流……等，通常其力道均不大，故以小型裝置為主。最常見之風力利用實例如各類的自力動態展示。

30

30
利用風力之動態裝置

2. 水力的利用：與空氣類似的，我們可以利用水的流力、浮力來作成動態的展示裝置，特別是以動態或靜止的水作成之漂動、浮沈，水面的反射、投影等各有不同且具多種風貌，是個隨機性極大的動力來源。

31

31

利用水力之動態裝置

3. 彈力的利用：利用彈簧或發條等彈性物質的彈力作爲裝置的動力源，亦是常見之作法。例如會點頭的迎賓玩偶置於店頭極爲有趣，惟彈力運用上通常以單純之動作爲主。
4. 磁力的利用：利用永久磁石或電磁鐵所產生之磁力來推動裝置。磁力的運用包括其吸力、推力及磁場的形狀等均可加以運用，特別是電磁鐵尚可方便地控制磁力之有無，更便於作成各類動態裝置。
5. 馬達的利用：利用馬達（電動機）產生之動力來驅動裝置是最常見之手法。它可以作成直線、曲線、迴轉等種種運動，又可方便地控制速率，如果加上聲、光等要素之運用可創出極多樣、動人之動態效果。
6. 其他：例如利用重力（物體本身之重量），或者利用音波產生的膜振動……也都能產生動態裝置所需之效果。

討論問題

1. 從事展示設計時，其相關要素有哪些？
2. 形態之種類可分成哪些？並分別舉例說明。
3. 請分別收集點立體、線立體、面立體、半立體、塊立體之實物，並比較其特性。
4. 請自自然物中尋找五種具實用機能之形態，並說明其特徵。
5. 以班級教室之佈置爲例，討論如何進行色彩計畫。
6. 收集形態、材質相同而色彩不同之物品三件，來比較其因色彩不同造成之差異情形。
7. 何謂「直接照明」、「間接照明」，並比較其優、劣差異？
8. 良好的照明包括哪些條件？
9. 以班級教室爲例，如何進行照明設計？
10. 以班上的慶生會爲例，如何進行音響設計？
11. 以各種不同材料製成之椅子爲例，分析其材質感覺。
12. 以就近之一處展示場所爲例，分析其使用的影像媒體有那些？
13. 如何利用影像媒體於慶生會中，請規劃、設計之。
14. 以就近之一處展示場所爲例，分析其使用之器具與裝置各有那些？

第六章　銷售空間的展示

6-1商店展示

一、銷售空間的種類

銷售空間的歷史可以上推到古代以物易物的「市集」，而隨著貨幣制度的誕生，人類在很早之前便已有了今日商業之雛形，只是今天的商業行爲因爲商品種類與數量繁多，消費者的需求不易掌握，供需之間不是單純的數字計算，流通的管道也多樣，因此銷售更不是賣方一廂情願即可成立的事，如何打動消費者的心，便需要種種設計，包括商品設計、展示設計、流通設計等等，而銷售空間的展示設計便是其中重要的環節。

銷售空間即是買賣進行的空間，車站或博物館附屬的小賣店、專賣店、雜貨店、便利商店、大賣場、超級市場、百貨公司、購物中心、展售場等等都包括在內。而隨著服務業的興盛，各種服務也被視爲商品時，服務進行的空間如銀行、房屋公司等也應包括在內。

因此可以從商品的性質來區分，大致可分爲物品銷售空間與服務銷售空間。

二、銷售的型態

銷售有許多種型態，除了一般商店之外還有自助式、郵購式、巡迴移動式等等。但無論那一種型態的銷售，總需要透過型錄、實物展示等手法和消費者做溝通，即使是自動販賣機，也需要良好的展示設計。

以銷售空間而言，爲了維護形象，無論店頭或店內需要連貫的設計。店頭部份包括廣告看板、櫥窗、出入口、立面造形、指標等等，是顧客接觸商店的第一空間，必須塑造適當的意象（image）以吸引顧客；店內部份的設計主要在於商品擺置、顧客動線、照明變化效果

1

2

1.2

依商品的性質不同
商店可概分爲如圖的物品銷售空間與服務銷售空間

3

3

店頭是接觸顧客的第一空間
以吸引消費者爲主要目標
因此商店建築之外觀常有怪異之取向

以及空間環境塑造等問題。店頭部份的主要功能是指標性質的，以吸引消費者注意力為目標；店內部份的主要功能是銷售性質的，以持續讓消費者停駐為目標。因此許多商店店頭極盡驚異之能事。

4

4
店頭同時也具有指標功用
圖為東京著名設計用品及
文具店伊藤屋之店頭標誌

整個商店的意象究竟如何設定才好，依照販賣商品的性質、賣場空間大小而有所不同，即使是相同大小相同性質的兩銷售空間，為了避免混淆，形塑自我特色，也往往得出差異極大的結果。

店頭與店內的劃分並不一定是很清楚的，有些商店店頭採封閉型，看不到裡面，令人有較神祕的感覺，有些商店則採開放型，大量使用玻璃，店內與店外的人可以彼此欣賞，也有介於兩者之間的半開放型。這種種設計一方面受流行風尚的影響，一方面是人們心中慾求著一點點「嘗新」的潛在希望，而商店為了使自己更具魅力，除了在商品及服務上創新，也要求商業環境空間的創新。

5

5

大量採用玻璃造成開放感覺的商店因爲採用圓弧型使路人能從更多角度欣賞商店內部

6

爲了顯示對顧客的尊重無論銷售的是物品或是服務都有走向開放型展示的趨勢圖爲介於物品與服務間的出租錄影帶店

6

商店內部也可區分爲開放、半開放與封閉三種型式，開放型空間使顧客可以自由而直接接觸商品或服務人員，封閉型則使商品或服務人員與顧客隔離，常見的是陳列櫃的方式或某些郵局的鎖窗方式（服務人員全鎖在窗內），半開放型則是開放與封閉的混合型。對物品或金融商品而言，封閉型增加了安全程度，較不易有偷盜事情發生，但是卻拉遠了顧客與商品的心理距離，缺少被尊重的感覺，因此無論物品銷售或服務銷售，近年來都已逐漸走向開放型展示，但也相對運用較新科技來防止失竊，例如使用條碼感應器、加裝電眼等。

三、商品的展示方式

商品的展示並無固定的方式，但以能傳達簡單明瞭的資訊，並表達預設的意象爲佳。換句話說店內商品的展示應滿足分類陳列，使顧客能方便比較選擇的陳列機能，以及勾繪生活情境，喚起顧客購買慾望的演示機能。陳列機能提供顧客找尋商品的路徑，演示機能則吸引顧客的眼光，實際的商店展示中，兩機能（或手法）是並行不悖，甚至可以做到一體兩用。追根究底，商品的展示是一種分類方式的考量，以價位、款式、功能、顏色、材質、品牌等來區分較著重陳列機能，以游泳、滑雪、聖誕禮品等主題來區分則較著重演示機能。

7

8

9

7.8

著重分類陳列機能的商品展示方式

9

著重演示機能的商品展示方式

10

陳列機能與演示機能並重的商品展示方式

10

商店內的商品不是櫥窗中提供訊息的展品，也不是倉庫中貯存的貨品，而是賣場中可由顧客花錢攜走的有價物品，因此必須善用視覺心理學，使顧客處在更容易下決心購買的氛圍中。如果把購買心理分成 6 個階段（比前面提過的 AIDMA 多了「連想」，因爲這與展示的重要功能相關），則如下圖，陳列機能與演示機能分別或共同影響了購買心理的各階段。

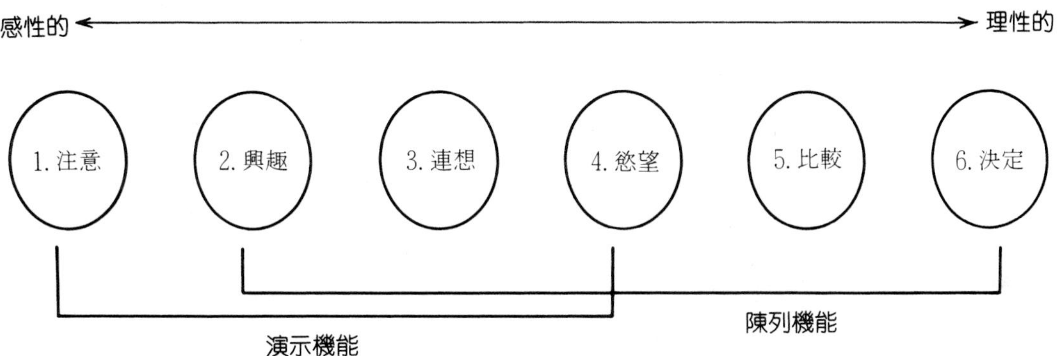

爲了使顧客更容易比較及下決定，在商品的陳列上應考慮以下因素：

1. 如何使商品更容易看得見：擺放位置、高度合適否、分類清楚否、容不容易比較、照明夠不夠等。
2. 如何使商品更容易接觸得到：位置及高度的問題外，商品擺得穩不穩、會不會太擠等。
3. 如何使商品更容易看得懂：對商品的特性有沒有足夠而簡明的說明、可否觸摸端詳等。
4. 如何使顧客感覺很方便地便得到商品的相關訊息：商品分類陳列有沒有邏輯、同類商品是否在一起以方便比較、價格是否一目了然、商品設計的差異或特點是否清晰顯示等。
5. 如何使顧客不感到骯髒：陳列架、商品、地板等等是否乾淨。

商品展示的演示機能方面，因爲是以吸引顧客注意，促進其興趣與連想，喚起其慾望爲目的，因此需要有強烈的訴求能力，對顧客做戲劇性的演出，在性質上接近櫥窗展示。演示的表現手法依 Hirohide Hukuda (1991) 的分類有以下 5 種：

11

1. 情境演示：將生活中的一部份情境重現，例如將餐具擺在餐桌上，並且有飲料、酒等點綴。
2. 商品演示：將相關商品做立體配置使商品突顯出來的手法，例如將衛浴相關商品錯落放置一起。

11

生活情境重現的情境演示

12.13

突顯商品存在的商品演示

12

13 

3. 主題演示：設定某特定主題後在區域內做整體安排的手法。例如百貨公司的聖誕禮品區。

14

14
安排特定主題的主題演示

4. 特展演示：與商店的特賣或特展活動配合的演示。例如尼泊爾商品特展區。

15

16

15

配合特賣活動的特展演示

16

介紹新商品的流行資訊演示

5. 流行資訊演示：介紹流行商品或新商品的演示。例如流行泳裝之演示。

商店內的演示性展示多數是在整個商店的某些點（小區域）上，因爲造形較特別，內容具特殊用意，容易形成視覺的焦點，也是空間力度收斂的地方，可以說是一種重點展示。

另外，以服務爲銷售商品的商店雖沒有具體的物品可陳列，但是服務的種類與方式仍須經過細心分類，使顧客以較節省的時間，輕快的速度進入商談核心。

以餐飲服務而言，除了菜色的清楚分類外，餐飲空間本身也適宜做演示性展示，甚至將餐廳內分區做有主題、有故事性的規劃，將博覽會與博物館的造景及敘述手法引用進來。例如圖片中的例子便是將餐廳分成火車酒枱區、風中飛橋區、蓮花區、風區、火區、水區、木區、砂區、土區等，塑造一個個非日常性的特殊空間。

17

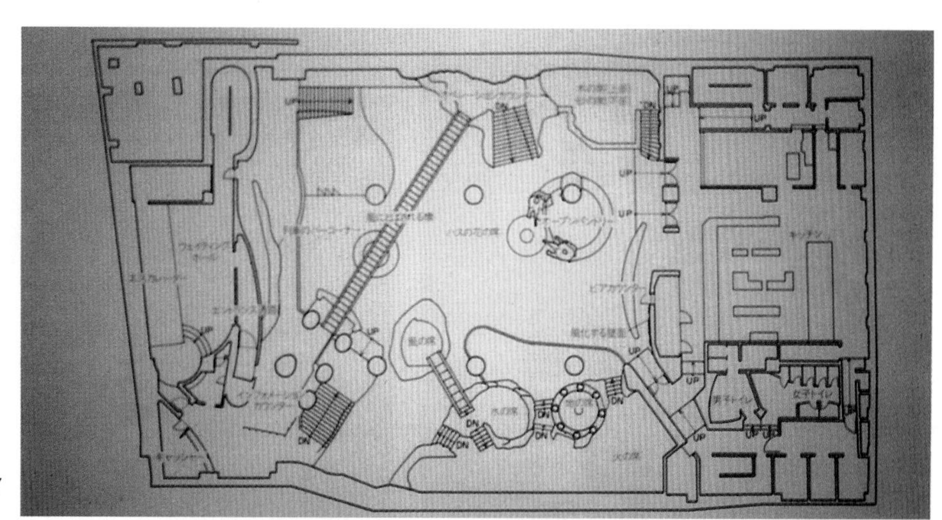

17

大阪KARAPARA越南餐廳的平面配置圖

18
風中飛橋區的展示

19
蓮花區的展示

20
土區的展示

18

19

20

總而言之，銷售空間的設計只是整個銷售行爲中的一環，隨著生活型態的變化，消費習慣的轉變，流通管道的改革，時代潮流的演進，銷售本身將隨之改變，銷售空間的設計自然受到影響而需求改進。例如環保觀念的普及必然對銷售空間的展示有所刺激。但一般而言，在設計上應注意以下事項：

1. 商品的分類整理應有清晰的理念，使顧客容易找到自己想要的東西，也容易流覽陳列的商品。
2. 商品的陳列應考慮人體工學，以免在不適當的地方放置商品而造成週轉率不良。
3. 商品與商店的色彩及照明應有所配合。
4. 商品與陳列用具應取得平衡，陳列架不能喧賓奪主，過度裝飾。
5. 依展示的目的來選擇商品及決定數量，不必將所有商品展露出來。
6. 依商品性質構想展出手法，不能一視同仁。
7. 同一商店的展示水準須求整齊，以提高整體的形象。
8. 商品的展示須兼顧陳列的功能與演出的效果。
9. 在演示機能方面，突破陳列規矩，創造有主題、故事的展示。

四、商品陳列的人體工學

對人而言站著的時候上下左右各 25 度是視野最清楚的範圍，上下 60 度與左右 70 度間的範圍是其次較佳範圍。因此商品的陳列高度必須考慮人體工學，如同下表，將主力商品擺在最容易看見也最容易拿取的高度即約 80～125 公分左右，60～85 公分高及 125～170 公分高是次佳位置，60 公分以下高度只宜當儲藏室，170 公分以上高度則適宜當指標、展示或儲藏空間用。

其次考慮店內的通道，雖然在設計上應儘量使顧客能走過愈多的通道，接觸愈多的商品愈好，但是通道仍不宜過窄，每個顧客至少需要 45 公分的寬度，因此，小型店的通道至少要有 90 公分而大型店至少要有 120 公分。

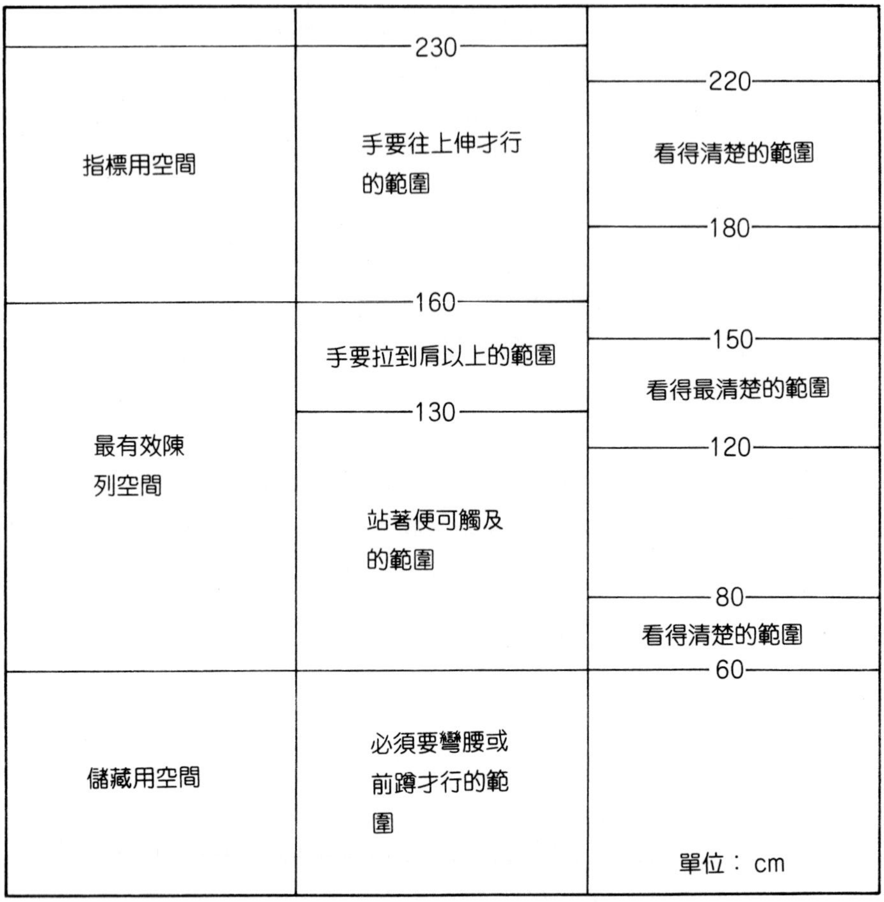

指標用空間	230 手要往上伸才行的範圍	220 看得清楚的範圍 180
最有效陳列空間	160 手要拉到肩以上的範圍 130 站著便可觸及的範圍	150 看得最清楚的範圍 120 80 看得清楚的範圍 60
儲藏用空間	必須要彎腰或前蹲才行的範圍	單位：cm

6-2 櫥窗展示設計

一、櫥窗的型態

櫥窗是介於店內與店外的中介空間，路過的人透過櫥窗抓住一些些對該商店或商品的瞭解。但是也有些櫥窗從商店的前頭切開，擺在車站或地下道的內壁中，應該算是櫥窗的變形。

櫥窗的設計型態有許多種，如下圖所示，從平面配置情況來看有平面型、透視型、開放型、嵌入型等，又各有變化，從剖面情況來看有透視型、雙層型、嵌入型等。

櫥窗的形式變化雖然十分多，但是做爲促銷的手段則相同。因爲

22

21

櫥窗不一定和商店相連

圖爲奧地利格拉茲的道路中櫥

22

雙層式的櫥窗

21

是促銷的方法，因此理想上櫥窗與商店設計都應包括在商品企劃與行銷的計畫中。

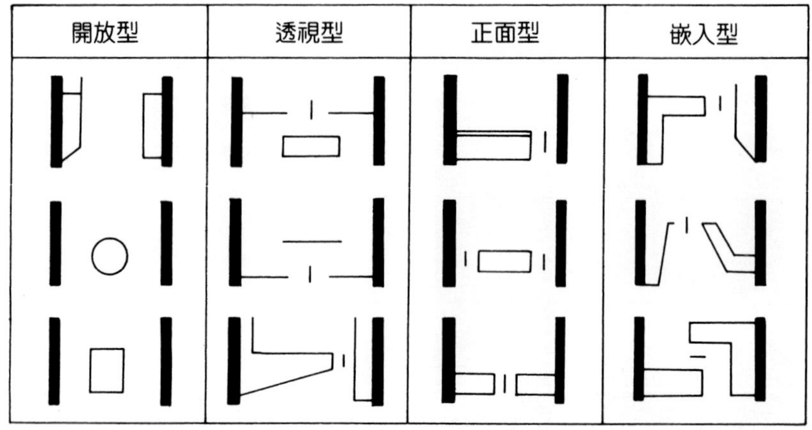

櫥窗的平面配置型態（森崇）

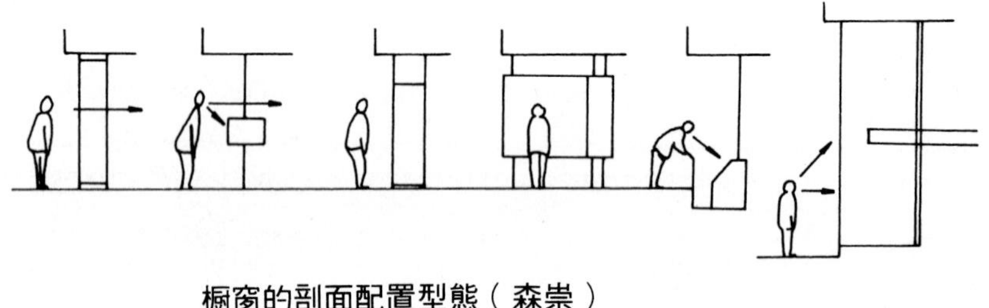

櫥窗的剖面配置型態（森崇）

二、櫥窗的誕生

櫥窗的出現大致係由兩方面的因素所促成，其一是大量生產與大量銷售的商業體系的成熟。其二是建築技術與玻璃技術的改革。前者使「促進商品的資訊流通及促進銷售」成爲重要的經商手段；後者使建築物容許在牆上挖開大洞而不必擔心風砂與安全。基於此，櫥窗這個中介空間才能安全存在而發揮其功能。

25

25
巴黎的櫥窗，基本上為分類陳列型但背景所傳達的氣氛引人連想，也具有象徵機能

26
瑞士的鐘錶櫥窗展示
除了分類陳列的主角——手錶外
也增加了立體的背景

26

三、櫥窗展示的兩大手法

商店的櫥窗一方面接收外界的訊息，一方面顯示商店的自我主張，其外在表相可謂千千萬萬種，但從表現手法來看則不外分類陳列型展示與意象象徵型展示兩大類。

分類陳列型展示（Assortment Display）是依照某種分類基準（例如年齡、價格、色彩、性別、材質、尺寸、種類等）將商品整理陳列出來的展示手法。一般歐洲國家的專賣店多採用此手法其來有自。因爲歐洲國家的商店開店時間要比我國短很多，爲了使顧客有充分時間選擇與比較商品，在關店時間橱窗依然亮著，採用分類陳列並

23

24

23

奧地利維也納的某分類陳列型橱窗以高低不同的圓弧形平臺來襯托細小的珠寶

24

奧地利格拉茲的某分類陳列型橱窗各件商品已標上價格

標示價格，令顧客一目了然，同時爲了陳列大量的商品，櫥窗的面積也相當大。對歐洲人甚至我國觀光客而言，在夜晚去逛櫥窗（window shopping），欣賞各式商品及精美的展示設計都是愜意之事。

意象象徵型展示（Token Display）不以商品陳列爲主，而以意象（image）效果的訴求爲優先，目的在引人注目，透過展示表達某

27

27
以龍爲主題象徵新年的展示
（東京銀座）

28
以色彩、圖案及短裙意象而象徵夏季的展示
（東京銀座）

28

些象徵意念，例如「送禮的聖誕時節」或「未來的速度」或其他更複雜的語意。許多時候意象象徵展示的結果每個人所讀取到的意思並不相同，它毋寧比較接近藝術作品。在日本的櫥窗展示中此類手法所占比例相當高，爲了引人注目，設計的構想多數十分自由而大膽。

29

29
以雪白的樹象徵聖誕時節的展示（東京銀座）

30

30
題爲「聖誕幻想」的意象象徵型展示（東京銀座）

• 櫥窗內的商品

櫥窗展示雖有以塑造意象、氣氛為主的表現手法，及分類陳列的手法，但兩者所處理的商品多以具時效性的、迷人的、高價位的商品為對象。《世界櫥窗展示》雜誌（*International Window Display*）則將櫥窗展示分為特別展示與季節展示兩類，季節展以表達季節更替及時令民俗為主，特別展示則依商品類別分為以下十類即：(1)青年服裝 (2)布料 (3)鞋子 (4)襪子 (5)化粧品 (6)寶石 (7)刀件 (8)贈品及紀念品 (9)家用品及餐具 (10)糖果等。

四、櫥窗展示的功能

對店主而言，櫥窗展示以促銷為最主要的目的及機能，同時也具有迎賓、引誘顧客及選擇顧客的功能，然而從大眾的眼光來看，櫥窗展示的存在却或多或少具有以下另 外3 種功能。

1. 提供新的話題：尤其是意象象徵型櫥窗展示，往往帶來視覺與意念的雙重震撼，令人印象深刻而回味不已，在每個人不同的詮釋下造成了話題性。而這種話題的傳佈具有很大的廣告價值，也是設計師期望的結果。製造話題的方法有很多，例如新穎、意外、

31

31

令人感到意外的展示

提供了人們談話的題材

幽默等等都是，但總而言之是利用當地社會、文化及時事的特性，巧妙地融入展示，以獲得人們的共鳴。

2. 成爲街景的一環：商店是街道的成員，兩者具有相互依存的關係，櫥窗是商店的臉，自然影響街道的景觀，市民有權要求一條美妙的街道，可以購物，也可以欣賞，因此櫥窗展示有義務提供良好的品質，例如優雅的、有個性的、活潑的或與環境相合的等。換言之展示設計應該包括對所在環境的關懷。而一個感性與造形都強烈的展示所影響的將及於一條街、一小區域。

32

32
櫥窗構成繁華街景的一部分

3. 提供新的資訊：現代都市其實是個巨大的發訊機，每日在其間來來往往的同時也刻意或不在意地獲取了許多訊息，除了大眾傳播媒體之外，櫥窗展示也往往提供人們新商品、新知識，而且是以一種不同於大眾傳播媒體的方式。因此設計師必須考慮該如何展出，如何製造臨場感、情境或象徵意義。

如果做櫥窗展示時能認識到商店的存在與當地區的相互連帶關係，設計櫥窗使它發揮上述三種功能，那麼藉由設計的趣味性與魅力及不斷提供的資訊與話題，將使這條街愈發顯出活力，而街道也成爲親切而令人衷心喜愛的一景。

五、櫥窗展示的可能性

前面所提的櫥窗多指商店或商業行爲所用，但其實做爲非商業性的宣傳與溝通工具，櫥窗對政府機關、學校、公益團體等而言仍是可以善用的對象。在這有限的空間中充分表達某種主張，其訴求效果可以設計到十分強烈，廣告企畫者不應該遺忘了櫥窗。

其次，除了分類陳列展示及意象象徵展示之外，櫥窗展示方法還可能再突破嗎？我們應當從別種展示中借兵，例如流行於博物館的參與式展示使觀眾可以融入展示中，互動式展示使觀眾可以得到許多回饋，還有流行於博覽會的多媒體展示，其影像音響及其他媒體的複合展示強烈刺激觀眾等等都值得慎重考慮。

討論問題

1. 店頭是顧客接觸商店的第一空間，在這空間中可能包含那些重要的展示呢？
2. 店內的展示與店頭的展示在功能上有何差異？
3. 商店內部採用開放式或封閉式展示各有什麼優缺點？
4. 以你自己的想法，銷售空間在展示設計上應注意的事項有那些？
5. 人體工學對商品陳列而言有什麼用？
6. 櫥窗在平面配置上有許多型態，在你的都市最熱鬧的街上，商店的櫥窗是使用那些類型呢？有沒有難以歸類的？
7. Assortment Display 與 Token Display 各指什麼？
8. 在你印象中最深刻的櫥窗是怎麼設計的？它使用了什麼特殊的手法來表現？
9. 以你自己的想法，櫥窗有那些作用呢？
10. 如果你是環保局長，你將如何利用櫥窗來宣導環保概念？用在什麼地方？什麼樣的內容？（請試試腦力激盪法）

第七章　宣傳空間的展示

不同於銷售空間中所必然產生的買賣行爲，宣傳空間在於喚起或強化觀眾的行爲動機，基本上並無買賣行爲。但因其目的在於宣傳商品或公司形象，故與銷售空間一樣都屬於商業空間。

做爲企業宣傳的特定或臨時場所，宣傳空間的一般型態包括展示中心、展示室、展覽會、櫥窗、企業博物館甚至博覽會等。其中企業博物館依其真正展示內容，有些宣傳性質並不高，反而教育性質重，但無論如何其結果是提高了企業形象，也針對當地住民帶來教育作用才是兩蒙其利的期待結果。

7-1 展示中心及展示室

一、展示中心的功能

展示中心或展示室是企業或機構團體用來對外介紹其組織及其產品的地方。例如國內的家電廠商在各大都市多設有展示中心，而政府支援的機構如手工藝研究所在臺北及草屯也有展示中心。大致而言，較大型的企業比較有能力支持展示中心的成立。基本上展示中心是常設的、服務性質的，具有宣傳的功能，而不以實際販賣產品爲主，但國內多數展示中心多也兼及銷售，所以有「展售中心」之稱。

展示中心或展示室可以發揮的功能有許多方面，並不只是宣傳產品而已。主要功能大約可整理爲以下幾項：

1. 提昇企業形象：近年來在公關公司的倡導下，國內各公民營企業都愈來愈重視 CIS 即企業識別系統的建立，企圖提昇公司的形象。因爲企業再不能躲在行銷通路的後面，只負責賺錢不負責社會責任。在眾多提昇與建立企業形象的方法中，直接展示產品，建立 PI（Product Identity 產品識別），以真正的提案證明企業的活力與關懷毋寧是最直接的方式。
2. 做爲生活資訊的收發站：企業勇於面對羣眾或消費者正證明其負責而自信的態度，已有助於形象的提昇。同時從這個管道中，可

1

2

3

1.2.3.4

百貨公司的櫥窗、照明與住宅展示中心
紐約IBM科學館、博覽會的展示館等
在企業的支持下或多或少都具有宣傳意味

4

5

5.6

北海道ERIMO鎮的水產館

其建設目的之一在於爲當地的水產宣傳

使小鎮的活力增強

6

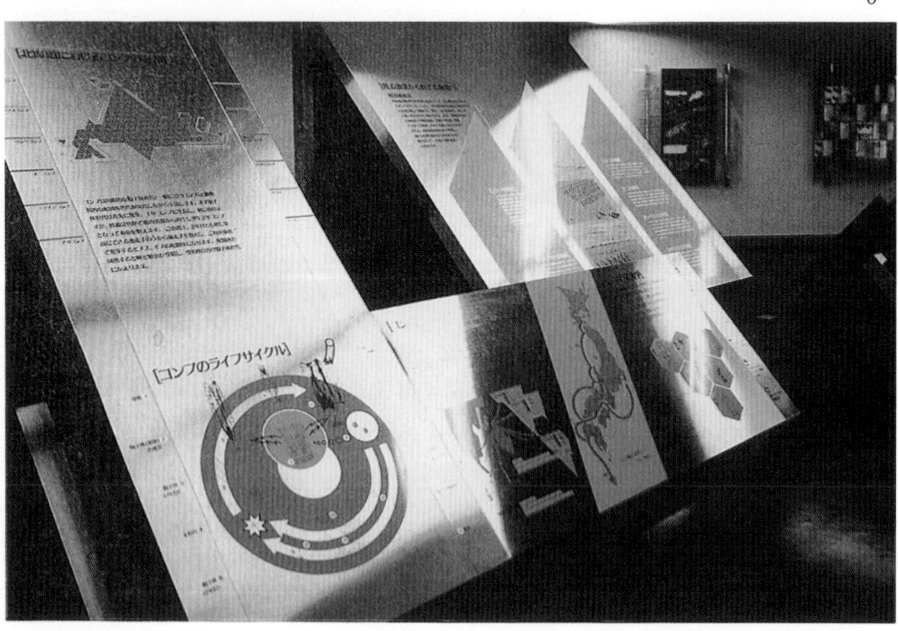

7

7.8.9

展示中心已成為企業識別系統(CIS)中重要的一環
圖為NOVANO、新日鐵及法拉利汽車之展示中心

8

9

以觀察進而理解大眾或小眾的需求與慾求。因此展示中心的設計應力求傳達尊重顧客、親切等意象。許多展示中心甚至請求參觀者填寫問卷調查或接受訪談，有些則設立在所謂「流行前線」的地區，充分發揮接收時代訊息的功能。同時，新產品在試銷階段也可經由這個管道觀察市場的反應，尤其是對流行較爲敏感的產品如文具、服裝等，因此展示中心其實具有天線般接收與發射訊息的功用。

3. 提供企業與民眾面對面溝通的管道：新產品的「新」究竟在什麼地方，是造形新穎或功能奇特，或操作方式新鮮，或整體觀念突出，要透過宣傳管道才能爲人理解。除了新聞、電視、DM、廣播……等之外，展示中心提供人們以眼耳鼻口皮膚等感覺直接接觸產品的機會，並藉機解釋其「新」及其他優點。更有些產品如電腦等若非經過一段學習期是無從認知其用處的，展示中心也提供了教育消費者的時空。而一般人也由此而體會產品的好壞與使用方法，確認其效用與價值做爲決定購買與否的憑藉。

10

10.11
展示中心提供試用的機會也藉此獲知顧客反應

4. 做爲經銷商訓練的場所：產品的流通依賴業務人員與末端使用者的良好溝通，因此經銷商的業務人員必須具備足夠的產品認知，在展示中心便可作爲介紹產品功能、使用及賣點的訓練地。

二、展示中心的設置場所

要達到前述幾項功能，展示中心的設置場所必得經過仔細的挑選，一般而言首要條件是人來人往，人潮集中的地方，展示業有「集客產業」之稱，因爲展示的目的是要將資訊告訴更多的人。而人潮集中的地方不外以下幾種：其一，交通場站如車站、機場、港口。其二，商店街，例如西門町。其三，公共娛樂場所。其四，都市中心或副中心。其五，夜市。

不同的人潮集中點（或線、塊）適合不同商品性質的展示中心，例如鄉土物產的展示中心適合設在交通場站，日常生活用品的展示中心適合設在商店街或夜市，旅遊等的展示中心適合在娛樂場所或交通場站，而辦公室自動化產品的展示中心適合在都市中心。不過這只是

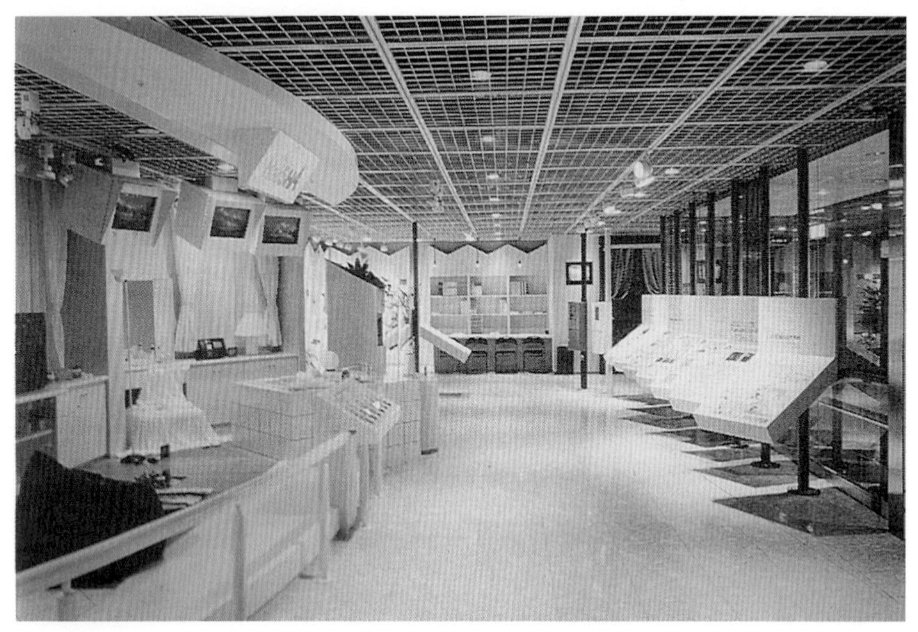

12

Be-1 的展售中心設在

東京流行前線的青山地區

概略的區分，並不是唯一的搭配。當展示中心因具有特色而聞名時，不遠千里而來者亦所在多有。例如草屯的手工藝品展示中心雖在郊外，卻是觀光重點。

另外有些企業或學校或機構也常在所在地點闢出展示室，方便爲參觀者做簡介，便不特別要求是人潮集中地了。

三、展示中心的問題點及設計方向

展示中心雖然具有前述四項功能，但在一般人眼中它所扮演的角色卻頗爲曖昧。因爲往往無法同時比較不同廠牌的同類產品，令人有走進去就似乎非買不可的畏懼感，結果展示中心的功效不彰，漸漸變成與經銷商店差不多的展售中心，企業形象的提昇與新資訊的收發都沒有達到預期的結果，只有期待重新啓用新的展示概念，新的設計手法及新的角色界定來改革了。

因此在展示中心的展示設計上應該針對以下幾點進行檢討，再反映於設計中。

1. 在建築外觀及入口的設計上，傳達「這是個沒有強迫性、不具壓力的服務場所」的感覺，同時點出展示中心的魅力所在。其實人們是否會進入其中要看他對該資訊重視程度，認知心理學上說「人們只看得見他們想看的東西」，便是說明內在的需求引導人的行爲。但是人們也害怕面對該資訊時將帶來的限制與麻煩。因此，在接收有興趣的資訊的棧道中，要設法減少路徑中的障礙如強迫感等，而使參觀者感到輕鬆自在。
2. 有彈性地提供新鮮的資訊：展示中心既然不以現場銷售爲主要目的，那麼便該不斷地提供生活中新鮮的資訊，例如新功能或新造型的產品，新的生活型態甚至流行的訊息等，才能使展示中心成爲活潑的訊息交換、衍生的場所。在智價社會中「新知」即是魅力的來源之一。

13

13

松下電工的展示中心在介紹家庭自動化(HA)設備時
不僅配列實物供現場演示
也設置了說明看板，類似博物館的做法
他們的教育對象則是消費者

14

14

NTT的展示中心設有

專供說明、發表的大螢幕

3. 企劃更新展示內容與節目：要成爲資訊集中與發射的地方，則展出內容須經過詳細的企劃，針對潛在顧客的需求策劃、更新展示內容。企劃者也需明白展示中心不同於其他大眾媒體等宣傳管道的本質，充分珍惜與潛在顧客面對面接觸的優點。
4. 設置顧客諮詢中心：使用者在用過產品之後，必定能發現還有些什麼不滿足或不便利的地方，這些意見是商品改良或開發的寶貴資訊，展示中心除了回應顧客的抱怨，更需將各意見彙整供開發設計人員參考。
5. 配合商品的特質進行展示設計：商品不同，其展示內容與人的關係便有所不同，展示企劃所分區的小主題便也不同。例如東京電力公司的某個展示中心希望使參觀者宛如走在街道上，從路上的種種接觸瞭解電力的功用。這個概念便是考慮商品特性而來的。相信任何不同的商品都將啓發設計師構想不同的詮釋方式。
6. 從參觀者的觀點來檢討展示設計：怎樣會增加參觀者的興趣，參觀者是否能從展示中鈎畫出使用該商品的情境，參觀者是否能在參觀後對商品的功能有詳細的瞭解，在這展示環境中參觀者是否對商品有了更好的印象等等。

7-2 展覽會展示

一、展覽會與事件（Exhibition & Event）

廣義的展覽會包括文化教育性展示，如博物館（尤其指臨時特展）與博覽會的展示和商業性展示，如商展、汽車展、藝術節等。它們都具有「事件」與新聞的性格，對大眾而言展覽會是臨時性的。非日常性的、難得的、錯過便不再來的事件，具有日常生活中所缺乏的令人興奮的特質。因此有人將非日常性的事件比喻爲哈雷慧星，因爲可能一輩子只見得著一次。

事實上，經濟富裕社會中非日常性的事件並非 76 年才來一次，廣告與促銷、公關人員隨時都準備製造事件，現代人因爲展覽會等事件太多而顯得麻痺或懂得精挑細選，展覽會太頻繁則其非日常性便相對減弱。因此展覽會如同商品，不是有就好，而是相較之下更好才真正能吸引人。對展覽企劃人員而言，如何在競爭態勢中，打破舊觀念，增強魅力是最大的重點。

文化教育性展示所包括的博覽會及博物館將在後面專章討論，因此本節專門談商業性質的展覽會。

二、展覽會的規劃

小型的展覽會如百貨公司的德國產品展可能只有一個展示廳，大型的展覽會如東京車展則有數十個展示區。前者的展示規劃由一組人員負責，而後者則各展示區（一般是每家參展公司自成一區，有大有小）各有規劃與設計人員形成彼此較勁的情勢。除此之外，還需要有對一次活動的所有會場進行整體計畫的單位。因此展覽會的規劃設計可以分成三個層次，由大到小即展覽會場整體計畫、參展公司展示計畫及展示單元設計。以下詳細說明會場計畫與展示計畫。

1. 展覽會場整體計畫：大型展覽會如果談妥參展廠商幾乎便已完成

一半的工作，因爲各個展示的具體呈現是由參展公司負責完成。但是負責整體計畫者除此之外還要辦理以下事項：

⑴分區計畫——將會場劃分爲幾大區，每一區中分開各參展單位。例如汽車展中分成本國館、外國館、商用車館、機車館等，商用車館又分成福特、豐田……等。

會場劃分有兩種方法，第一種是模矩式，即先設立展示單位的最小單元面積，再依各公司的要求給予倍數單位。日本的單元模矩多爲3 米×3 米即 9 平方米，美國則多爲 10 尺×10 尺即 9.29 平方米。另一種是自由分割式，不設單元模矩，而依參展者的需求及展示館的形狀來劃分，不一定是長方形或正方形。當參展者希望有較大空間時多採此法。

15

15

模矩式的展覽會場劃分

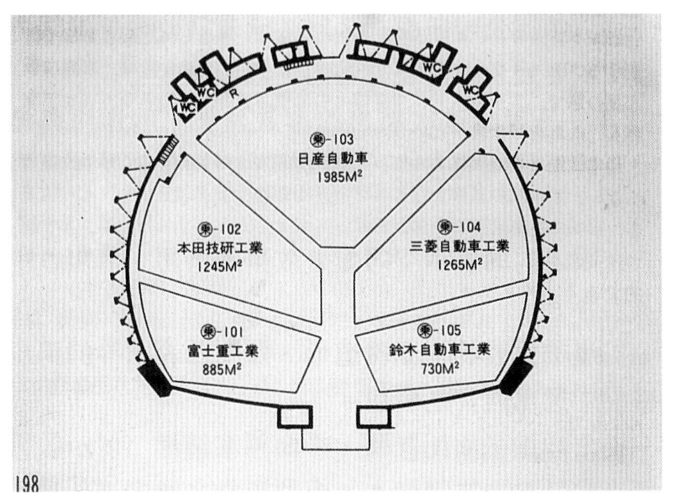

16

16

自由分割式的展覽會場劃分

⑵設計規範——爲了使會場整體具有統一感，但又不致限死各參展單位創意的發揮，須事先確立某些設計規範。

⑶公共設施計畫——包括售票系統、服務站、展場指標、餐飲及衛生設施、休息區、園景等。

⑷現場施工之協調——展覽會展示的特色之一是往往在開幕前短期間（例如 2～3 天）內進行現場施工製作，而閉幕後又必須於短時間內拆撤所有展示。因此對大型展覽會而言，現場施工的協調雖然繁瑣卻不能不事先計畫。

2. 參展公司展示計畫：參展展示計畫的程序如下：

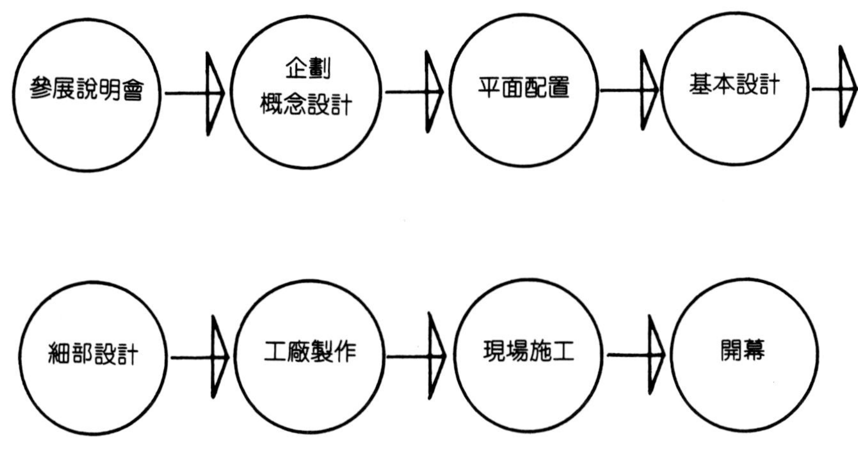

(1)參展說明會——由參展公司向設計部門（或設計公司）說明本次展出之企圖、主要展示內容及公司的主觀傾向。

(2)企劃及概念設計——認清這次展出的本質及展示的作用與目標，構想展示及故事展開的方式，並以簡單的詞彙來整理說明整體展示的概念。

(3)平面配置——在限定內的展示空間隨著故事的展開，構想各小分區的位置及內容。

(4)基本設計——提出平面設計、立體造形、照明及表演等的構想與計畫，從檢討中選出適當之構想。

(5)細部設計——提出詳細平面配置圖、平面圖案造形、展示裝置尺寸圖、音響影像計畫之詳細脚本、模型製作之圖面等，爲施工製作準備妥一切圖面。

(6)工廠製作——除了必要在現場製作的部份外，其餘都事先在工廠中完成，包括平面圖、模型、攝影、影片等。

(7)現場安裝——現場安裝的容許時間並不長，工作事項的順序及工人調度都須充分掌握。

三、展覽會的設計要點

各參展攤位應是個整體的設計，因此其中的展示單元有可能很明顯地獨立，也有可能融於整體中而不特出。在設計上應考慮以下幾點：

1. 綜合使用媒體、影片、電視牆、模型、解說員、平面造形等多種媒體，以增加展場與觀眾的溝通管道：例如要介紹商品的內部精彩結構時可選用電動模型或實物，而相關的實驗情形或數據則可用影像顯示。
2. 善用解說員：因爲最令人感到興趣的仍是「人」，良好的現場演示（live performance）往往最吸引人。事實上，近年來展覽會場整體都有轉變爲表演展示的趨勢。
3. 戲劇性的演出：從以往熟悉的展示型態中跳開來，採用更戲劇化的演出方式，讓產品在情節與故事中出現，而不只是個旋轉臺上放上產品。
4. 舞臺上的主角：展示舞臺上的主角自然是商品，但若能在情節中

17

18

17.18

商展會場中各公司的設計
往往採重點展示的做法
使自家公司場地
範圍中形成內聚的力量
避免與人混淆

19

20

21

22

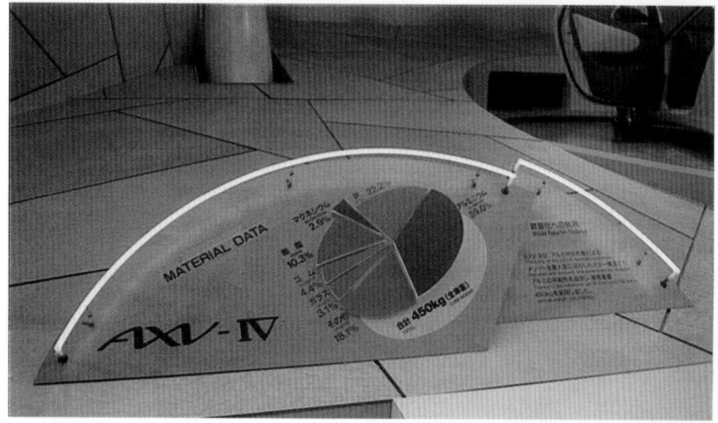

23

24

19.20.21.22.23.24

商展中一般綜合使用多種媒體

例如在東京車展中可以看見電視牆

立體造景、展示臺、機車實物

汽車油土小模型、霓虹燈、裱板、剖切的汽車等

25

25.26

解說員的精彩說明及表演更能吸引人

26

塑造配角（解說員或機器人）將更有效果，但必須注意不可喧賓奪主。

5. 展場正面的意象：展場正面是給觀眾的第一印象，應能表達主題的內容及公司的風格。大致來說，展場正面有開放型與封閉型兩

27

28

類。開放型展場具有開放感，觀眾由各個角度進入展場，但也容易受四周光線與噪音的影響。封閉型展場設置有出入口，在封閉空間中較容易進行表演，但可能由外觀不知其究竟，解決方法之一是設法使內部表演情形的一部份可由外面以螢幕觀看到。

29

30

27.28.29.30

展場正面是給觀衆認知的第一步

具有界定作用

6. 位置與差別化：大型展覽會中多則上百家廠商參展，因此展場必然有鄰接之處，考慮自己攤位所在之處及鄰接的廠商，在條件比較之後擬定具體的戰略，務必使己方的展示在整體上能與其他公司有所差別印象。其中己方廠牌名的設計便很重要，須配以適當的造形及照明。

31

31

所有吸引觀衆的方法都有可能出現

圖爲利用意外感而設計

討論問題

1. 以宣傳爲目的的展示空間包括那些型態？
2. 你認爲企業爲什麼要設立博物館呢？
3. 展示中心有什麼功能？
4. 爲什麼展示中心可以成爲資訊的收發站？
5. 如果某汽車公司想在都市中心設立一個新的展示中心，你認爲選在什麼地點最恰當？爲什麼？
6. 你會不會害怕進入展示中心？爲什麼？
7. 如果由你來設計脚踏車展示中心，那麼除了陳列脚踏車之外，你希望在展示空間中還可以做什麼事？畫下來看看。
8. 請比較你所看過的汽車展示中心與家電產品展示中心，兩者在設計上有何異同？

9. 請寫下你最近所參觀過的展覽會，並回憶會場空間劃分是模矩式還是空間分割式。

10. 展覽會中的公共設施包括那些項目？

11. 請簡單繪圖説明展覽會展示計畫的程序。

12. 在展覽會中常見的展示媒體有那些？

第八章　娛樂空間的展示設計

8-1 娛樂空間的範圍

隨著家庭收入的增加，生活型態的改變，休閒時間的增長以及旅遊價格的相對減少，現代人越來越重視休閒娛樂的安排，一方面是爲了休息或暫時忘掉工作，另方面是從休閒娛樂活動中享受與家人及別人相處的溝通機會，如果是長程旅遊，前往異地更有文化交流及擴大視野的學習作用。

其實，追求快樂是人的基本需求也是基本能力，原不一定需要藉由人造環境才能獲得，但是在現代生活的壓力下，許多遊樂與遊憩設施的設置的確令人享受到不同形式的娛樂與快感。這類娛樂空間的種類繁多，包括遊樂園、渡假中心、主題公園（Theme Park）、水上樂園、運動公園、溫泉勝地等具有較多開放空間的場所，也包括電影院、KTV、迪斯可中心、健身中心、舞蹈中心、電玩店、賭場等具商店性格的封閉空間。因爲後者的展示設計基本上與服務性商店類似，因此本章只討論前者的展示設計。

8-2 遊樂園的歷史

早在公元前四世紀，每年便有上千人前往位於今天土耳其境內的弗所城（Ephesus）觀看雜耍、馴獸和魔術等表演，這種市集式的、臨時性的娛樂場所可以說是遊樂園的前身。17、18 世紀時的馬戲團則附設可移動搬走的遊樂器具、設施，可以說是最早的遊樂園。19 世紀後半期的維也納萬國博覽會中首見大觀覽車、旋轉木馬、趣味屋等遊樂裝置，此後博覽會中不免有專供遊樂的一區，至今依然，1985 年筑波科技博覽會甚至興建了直徑 85 米，號稱世界最大的圓輪觀覽車。真正採用現代科技建造的遊樂園應該是 1895 年在紐約公開的科尼島（Coney Island）遊樂園。1955 年洛杉磯迪斯耐樂園開放帶動了遊樂園事業的發展，六期公園(Six Flags)、愛尼茲花園(Elitch's Gardens)、湖濱公園(Lakeside Park)等都是知名的地方。1971 年佛羅里達奧蘭多市的第二座迪斯耐樂園誕生，1982 年「明日世界」加入其中，1983 年第三座在日本千葉縣浦安市，1992 年第四座在法國巴黎，每一座的開放都受到大眾的歡迎，主題公園式的遊樂園似乎成爲其中主流。

在各種遊樂設施的發展史中，以下幾項創新的設施是具有帶頭作用的：

1. 1873 年維也納萬國博覽會中首先推出雲霄飛車及大型觀覽車，加深了娛樂刺激的張力。

1

1
—
大型觀覽車等加深了娛樂刺激的張力

2. 1964 年紐約世界博覽會中首見搭乘觀覽系統（ride showcase system），觀眾在軌道車上經歷一幕幕有趣而驚人的展示。這

2

2.3

搭乘觀覽系統已成爲廸斯耐樂園的公式之一

3

種手法對後來的主題公園影響很大。

3. 1967 年蒙特婁博覽會中首先啟用大型影像系統，大銀幕的震撼力令人感動。類似的系統此後不斷更新、改進，目前已經有許多種型式。

4

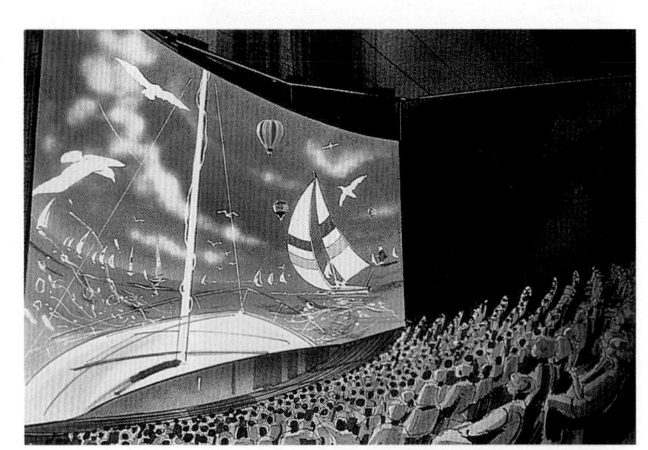

4

大型影像系統始於博覽會
而今是主題公園中的主角之一
圖爲橫濱博覽會之神奈川館

8-3 遊樂園的構成

遊樂園在規劃之時須要考慮的要項十分多，除了進行市場評估分析、投資財務分析、行銷計畫之外，也必須認識當地現存之資源，以便善加利用，塑造有特色的遊樂園。

現有資源指以下兩方面：

1. 從自然資源到人文資源所涵蓋的種種吸引遊客來休憩或活動的場所。根據研究（《關西地區觀光開發計畫構想》，1971），可以分爲下圖所示的6類。

   在不同資源條件下便可構想不同的活動，例如湖泊可釣魚，民俗可參與等。

2. 公共設施：又可分爲以下幾項：

   ⑴基本設施——道路、電力、下水道、自來水、油料等。

   ⑵交通運輸——公路、鐵路、海運、空運等的整備。

   ⑶支援服務——醫療、銀行、消防、警察、洗衣店、修護中心等。

   ⑷食宿設施——旅館、餐廳、購物中心、會議中心等。

現有遊樂資源之類別					
1	2	3	4	5	6
山岳 海岸 島嶼 瀑布 湖泊 沼地 草地 砂地 荒地 溪流 鐘乳石	森林 山林 耕地 牧場 梅林 杜鵑花田	森林公園 自然公園 野營地 招待所 野外活動中心 水庫 港口 海水浴場 燈塔	運動公園 球場 田徑場 都市綠地 動物園 植物園 遊樂園	高爾夫球場 游泳池 體育館 健身中心 休閒中心 溫泉勝地 博物館 美術館 傳統產業	文化資產 寺廟 古跡遺趾 廟會 民俗 鄉土文物 鄉土民藝 食物
自然的←→人文的					

5

5.6

遊樂園的可用資源包括自然的也包括人文的，圖爲法國旅遊勝地

6

7

7
除了可用資源外
遊樂園的規劃需考慮公共設施
圖爲法國之渡假旅館

8

8.9
旅館中的休憩設施也在考慮範圍內

9

在上述兩類資源的充分利用下規劃遊樂園，構想新的遊樂方式即是規劃者的挑戰。但首先要理解現有遊樂園中已有那些遊樂設施與活動，亦即遊樂園中的主要構成份子。

依照主要遊樂活動的特徵的不同，遊樂園的設施與活動概分爲以下 6 大類：

1. 機械娛樂類設施：乘坐或操作機械設備以獲得娛樂的遊樂方式。依娛樂的效果又可分成五類：

(1)競爭型：和機械競賽，如投籃或足球比賽。

(2)賭運型：和裝置賭運氣，如吃角子老虎。

(3)模擬型：模擬某情境以獲得新體驗，如旋轉木馬。

10

10

旋轉茶杯已是百貨公司

頂層遊樂設施中常見的裝置

(4)刺激型：體驗強烈的刺激，如海盜船、雲霄飛車。

(5)科技型：將科學原理做有趣的演出，例如巴斯卡原理的應用。

2. 景觀花園類設施：以園景藝匠塑造愉悅的視覺與嗅覺空間。可分爲地域型與混合型，前者如法國式、英國式、日本式、中國式等的庭園，後者則是各國庭園的分區組合。

11

11.12

小叮噹科學園中的科學遊具

12

13

14

13.14
景觀花園設施：
中國庭園（板橋林家花園）及
日本庭園（岡山後樂園）

3. 動物園類設施：設置動物園區，提供都市生活中難得的與動物接觸、相處的機會。在實際規劃上，有些只選擇了單一類如猴園、鳥園，有些則規劃多種多樣的動物，再區分猛獸區、可愛動物區等，有些則只是遊樂園中附屬的、點綴的部份而已。另外還有水族館式或海洋公園式的設計方式。但無論數量多少，要成爲一項遊樂的重點便不能是半吊子的點綴，必須設想其特色後才著手收集動物。

15

15
生物園類設施例：
葛西臨海水族館

4. 歷史文化類設施：在社會富裕之後人們開始追求心靈的充實，對歷史文化的關心遂逐漸提高。真正持久的愉悅可能不是雲霄飛車式的刺激，而是知性的開展。因此與博物館主張的「寓教於樂」相對，遊樂園的設計已走向「寓樂於知」，一種新的「文化消費」現象。從迪斯耐樂園、小叮噹科學園、中影文化城的做法，可以大膽預測，科學館、美術館、文物館等文化設施將會以某種型式走入遊樂園中，滿足人們享樂又想求知的心理。

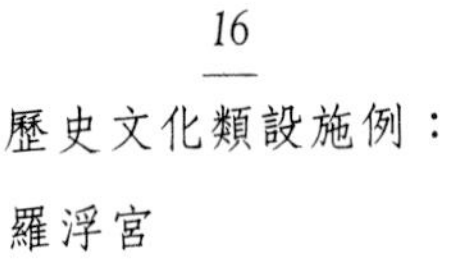

16

歷史文化類設施例：羅浮宮

16

5. 遊戲活動類設施：遊戲活動類設施是爲兒童與青少年設計的人工設施，多數以原木、繩索、鋼架、輪胎等材料組合而成、有些像一個個單獨的大玩具，有些則串連成一羣體，參與者在其中做攀爬、滑溜、跳躍、推前、拉後、吊掛、敲擊、搬運、投擲、鑽洞、躲藏、平衡……等等動作，運用技巧，消耗體能而獲得快意。各種遊戲可以在空間中不斷創新組合，但必須注意安全設計。
6. 森林遊樂類設施：以森林爲場景適合的遊樂活動非常多，例如登山、攀岩、露營、散步、森林浴……等等。針對上述活動規劃出來的設施有如下：

17

18

17.18
遊戲活動類設施

- 露營地
- 野餐桌
- 瞭望臺
- 登山步道
- 攀岩區
- 溯溪區
- 釣魚場
- 划船區
- 騎馬場
- 球場
- 滑草場
- 游泳池
- 溫泉澡堂
- 溜冰場
- 纜車
- 吊車
- 體能鍛練場
- 射箭場
- 渡假小屋　等

8-4 主題公園的成功

迪斯耐樂園顯然是個成功的主題公園規劃案（至少在商業上），1987 年渥太華《民眾日報》指出美國迪斯耐樂園的遊客總數已超過美國二億四千七百萬的人口，而全世界愛好迪斯耐影片和節目的人在十億人左右，最近幾年其總營業額每年都超過十億美元。

迪斯耐帶領主題公園的發展，1970 年之前美國只有三個主題公園，到 70 年代末期便已有 18 個大型主題公園，每年吸引遊客六千萬人。

迪斯耐樂園的規劃與以往的遊樂園有所不同。當舊的遊樂園因爲⑴交通型態改變，汽車成爲主要運輸工具，而遊樂園的停車場不足。⑵土地暴漲使位在市區的遊樂園經營不如分割土地去蓋房屋。⑶工資及設備投資成本提高，使得難以和其他溜冰場等娛樂方式競爭。⑷油料便宜使美國人願意跑到更遠的地方休閒等種種因素改變了美國人的娛樂方式，因而逐漸衰敗時，迪斯耐提出了全新的娛樂概念，以今天眼光來看那便是「具有主題的遊樂園」。

以東京迪斯耐而言，只有 5 個主題園區，35 座展示廳：

1. 世界之街區（World Bazaar）
2. 探險園區（Adventureland）
3. 西部拓荒區（Westernland）
4. 幻想園區（Fantasyland）
5. 未來園區（Tomorrowland）

1987 到 1992 年又增加了新的展示館，如仙履奇城之旅等。

分析迪斯耐樂園成功之關鍵有以下幾點：

1. 以極易認識又富趣味的主題來劃分展場，各館俱有情境及故事發展的概念創意十足。
2. 展示館的演出在技術與藝術的精細結合下（包括人物、動植物、建築及照明、音響、機電控制等），使複製或虛擬的情境變得新鮮而有趣。
3. 迪斯耐卡通人物的利用，無論在劇場中或街道上，卡通人物都帶來歡樂氣氛以及真實與虛像共存的奇妙印象。
4. 從不間斷的特別活動及秀，例如卡通人物秀、夜空雷射光秀等，

19

19

廸斯耐樂園探險園區之展示

20

20

廸斯耐樂園的大街

21

卡通人物的利用帶來歡樂氣氛

21

22

23

22

晚間的煙火與雷射光秀

23

隨時更新的繁花

令人有天天過年或盛會的感覺。

5. 塑造明快、健康、優美、熱情的環境及氣氛，並在維護上極端仔細。觀眾不會在迪斯耐樂園中找到一朵枯萎的花，因爲隨時都要更換，而旋轉木馬的每根銅軌都在每天晚上用手擦亮。
6. 經驗豐富而自動自發的管理羣，任何貨品與人員之動線均經仔細規劃，所有設施與服務部採現代化管理。

8-5 遊樂園的籌建程序

遊樂園的籌建程序大致如下圖，可分爲 8 階段：
各階段的主要工作略列如下：

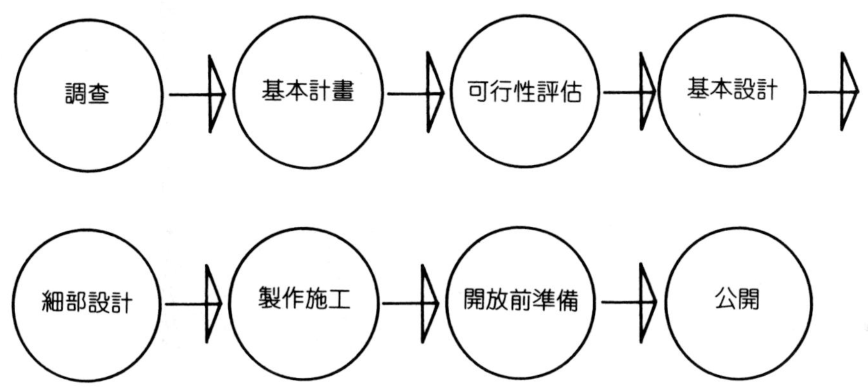

1. 調查：蒐集、調查與分析相關資料，例如基地條件、自然環境、交通運輸、氣候、地形、目標顧客層、商業人口、學生及兒童人數等，並預測參觀人數、參觀目的、停留時間及消費支出等。換句話説即是分析其限制條件、可用資源及觀眾。
2. 提出基本計畫：在調查與分析之後最重要的便是概念設計，回到原始出發點來思考：應該以什麼新概念來規劃才會比以前及現在的競爭對手更具新意？在營運管理上有什麼新的想法？遊樂設施的設計製作上朝什麼方向創新？舉例來説，玻里尼西亞文化中心（Polynesian Cultural Center）是夏威夷最有名的勝地之一，它將太平洋島嶼人種包括夏威夷人、薩摩亞人、大溪地人、斐濟人、東加人及毛利人的村莊及日常文化做成小人國般的模型展示，並且提供上述各人種到夏威夷楊百翰大學的學生們就業機會。這些構想可以説正是夏威夷才會誕生的新鮮概念，充分利用了當地的自然與人文資源。根據已建妥之概念，接下來要做分區（Zoning）計畫以及參觀者動線計畫。遊樂園內的遊樂設施的種類和內容也要提出基本計畫。其他的基本公共設施例如旅館、賣店、餐廳等服務設施及花園、水池、廣場、休息區等環境景觀

規劃也要有初步構想。有了分區、動線、設施、環境、交通、行銷等基本計畫再加上預估的參觀者條件便可計算出建造的規模及使用建設面積，合併提出基本計畫。

3. 可行性評估：可行性評估也可列在基本計畫中。基本計畫提出時已設定預估建設之規模，再計算投資金額及參觀人數，可以建立收支計畫，並確立營運計畫。可行性評估決定開發案進行投資與否，但為了維持遊樂園的活力與魅力，每年可能須要更新或增加新的內容，這些必須視為長期計畫而估算在可行性評估中。
4. 基本設計：基本設計階段是將概念設計所決定的方向，以及基本計畫中的構想與意象加以擴展，並設計成具體可見的東西（實際上只是設計圖及模型）。因為待設計的相關設施十分多，必須有設計方針來統合造形、色彩、材質並允許有範圍的變化。娛樂空間對人而言是個非日常性的空間，在設計上將允許有更豐富多姿的表達方式。
5. 細部設計：細部設計是為施工製作的準備，詳細圖示具體的設計以及估算製作費。
6. 製作施工：因為最近的主題公園中採用非常多種媒體，做非常複雜的組合，常常必須仰賴電腦來做控制，因此木工、電工、機械裝置、模型、平面繪圖、影像技術、照明、音響等等工作彼此間必須有良好的溝通，而工程中的協調者必然備極辛苦。
7. 準備開放：開放之前所有設施要經過詳細測試，確認其能順利運作而且安全無虞，同時要訓練各類服務人員，演練每一種可能的狀況，許多公司則備妥巨細靡遺的服務規範手冊。

8-6 艾匹考特中心對博物館的震撼

1971 年開放的佛羅里達州廸斯耐樂園繼承加州廸斯耐樂園畫分主題的觀念，設置美國之街、幻想、開拓者、自由廣場及未來等園區，內容也大同小異。但是 1982 年在鄰近推出的艾匹考特中心則又是另一種新概念的主題公園設計。

艾匹考特中心原文是 An Experimental Prototype Community of Tomorrow（未來社會的實驗模型），簡稱 EPCOT Center。主

要包括兩個不同性質的園區即未來世界（Future World）與世界櫥窗（World Showcase）。

未來世界中有地球（展示人類過去的成就及未來的責任）、能源、地平線（展示未來的可能）、車的世界（展示過去到未來的車）、想像之旅、海洋等主題館，其規劃設計也都符合前述迪斯耐樂園成功之關鍵。

24

24.25

艾匹考特中心未來世界的建築
大地館與海洋館

25

世界櫥窗中則有美國、墨西哥、德國……等等各國館。加拿大文明博物館（The Canadian Museum of Civilization）館長麥當勞博士（Dr. George F. MacDonald）分析世界櫥窗中的展示館，認爲每個展示館都是依照以下 6 個標準公式而設計：

1. 逼真的環境經驗：仿建各國代表性之建築物、街景、地標及地形等，例如中國的天壇、日本的五重塔等。

27

26

26.27

艾匹考特中心的環境經驗——例如天壇與泰國建築

2. 特殊的影片經驗：如艾美公司（Imax）、環形劇場（Circlevision）、雙機 70 厘米三度空間（Double 70-3-D）等之影片。
3. 生動的演藝經驗：包括音樂家、街頭演藝者、說書人等的表演。

28

29

28
生動的演藝經驗——
各種道地的民俗表演

29
餐飲經驗——
例如墨西哥餐廳

4. 餐飲經驗：各展示館的餐館均提供該國風味的餐飲及外帶的餐點。

5. 市場經驗：內有供應該國美術工藝製品以及配戴特殊工作證之該國國民，隨時服務的迷你店舖和一般賣店。
6. 文物經驗：各館都設有符合博物館品質的展示區，更換展出外國國寶級文物。

30

30

文物經驗——

例如摩洛哥市場

在迪斯耐企業精緻的規劃下，上述 6 種經驗對參觀者而言，其魅力更勝一個歷史文物博物館，只要想像一下兩者的氣氛便可明白，前者令人興奮，而後者似乎令人畏懼。博物館雖然自豪擁有真品，是真品的最終保存所，但是「文化經驗所包含的層面當然遠勝於物質性的文物……若以較寬廣的觀點來看各類文化間的經驗，艾匹考特比傳統的文化歷史博物館傳遞了更廣博的真品給大眾，殆無爭議」（引麥當勞館長文），因爲我們雖然可以在大都會博物館中看到印度神殿的真品，卻看不見真實的印度音樂表演、吃到真正的印度菜、買到真正多樣的印度工藝品，而艾匹考特中卻有，甚至在文物真品展示上有潛力勝過各博物館。更大的優勢是，艾匹考特每年有二千五百萬遊客，是加拿大所有省立與國立博物館參觀人數（約 450 萬人）的 5.5 倍，面對這樣的競爭，博物館不能不有所醒悟。

討論問題

1. 你知道臺澎金馬地區有那些遊樂園？舉出一個談談其吸引人的地方與需要改進的地方。
2. 你認爲雲霄飛車爲什麼吸引人呢？
3. 現有遊樂園的活動設施可概分爲那幾類？
4. 從自然資源到人文資源，你的都市有那些遊樂資源呢？舉出 3 個例子，說明其被利用與規劃的情形。
5. 主題公園（Theme Park）成功的關鍵在那裡？
6. 夏威夷的玻里尼西亞文化中心在規劃的概念上有何創新之處？
7. 加拿大文明博物館的館長麥當勞博士認爲艾匹考特中心的世界櫥窗都是依照那 6 個公式而設計？
8. 爲什麼艾匹考特中心的展出對博物館帶來很大的衝擊？如果你是博物館館長，你打算怎麼辦？

第九章　教育與文化空間的展示

9-1 博物館展示

一、博物館展示的歷史

早在羅馬帝國時代，貴族爲了存放與陳列戰利品而設的場所便已有了博物館的雛形，一直到文藝復興時代因爲大量挖掘古物，才出現專門性的博物館，而要到 18 世紀民主風潮盛行以來，才有真正開放給公眾的博物館，但是所採用的展示方式僅是簡單的陳列，除了學者專家之外，博物館對一般人而言，是收藏古物的、帶有神祕氣息的地方，卻不是親切的教育機構。

20 世紀初期，正是現代主義興起之際，1919 年葛羅佩斯（W. Gropius）在德國創立包浩斯學校，宣稱要「創造出一幢結合建築、雕刻和繪畫三位一體的未來殿堂」，開啓了現代設計的源流。而葛羅佩斯的思想，以及包浩斯的教師巴耶（Bayer）等在展示設計上所嘗試的新方法則影響了博物館展示的巨大變更。1930 年巴黎的裝飾美術博覽會中德國工作聯盟的展示，以及 1931 年柏林的勞工聯盟博覽會的展示中，包浩斯師生們將展示場做成小塊分區，而整體分區間則形成有邏輯的脈絡，並利用圓弧面來引導觀眾的動線。這種方式截然不同於陳列櫃的作法，帶給各國很大的衝擊。

從展示櫃中解放出來，科學中心更徹底地尋求參觀者與展示間的互動關係，包括舊金山探索館、芝加哥科學工業博物館及加拿大的安大略科學中心等，都在參與式展示上著力。博物館的功能遂包括了教育、娛樂與充實人生的 3E（Education、Entertainment、Enrich）。

二、博物館展示與觀眾

博物館雖然被公認爲社會教育機構，但是施教方式却與學校教育有極大差異，主要是透過展示與活動來進行，因此博物館與觀眾的關

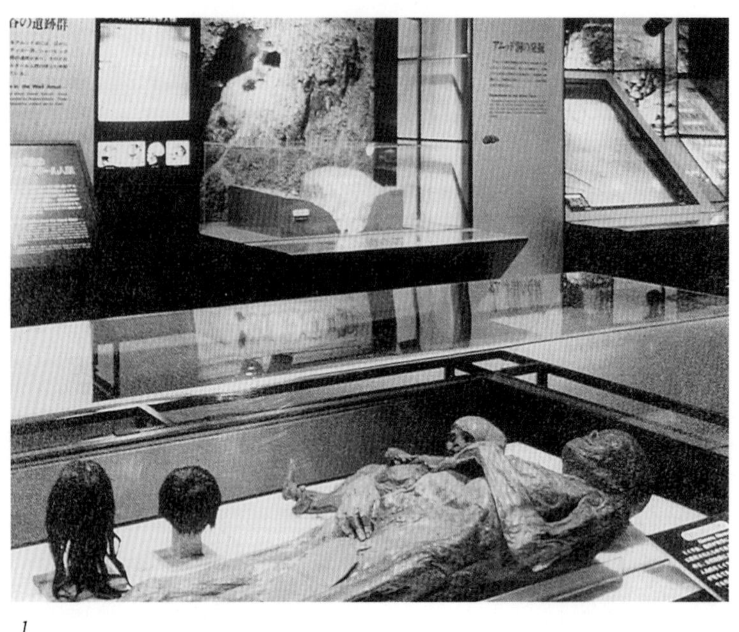

1

2

1

早期的歷史博物館以收藏爲主

圖爲東京國立科學館的木乃伊典藏展示

2.3

包浩斯教師巴耶等所設計的德國工作聯盟展及勞工聯盟展開啓了新概念的展示手法

圖爲勞工聯盟展

3

4

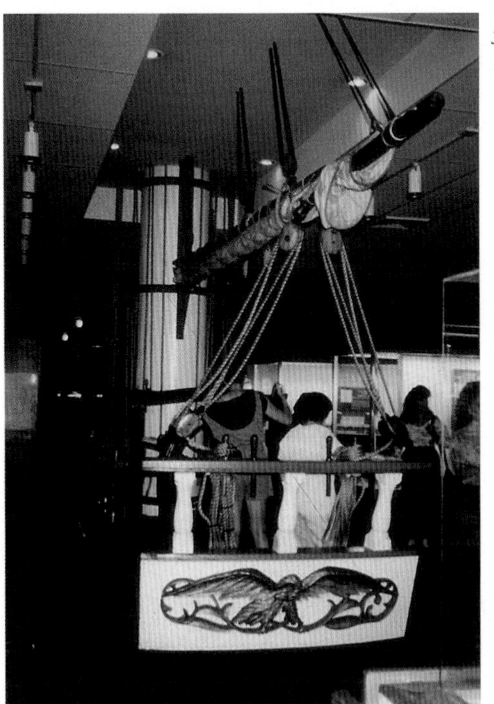

5

4.5.6

舊金山探索館、芝加哥科工館及安大略科學中心等均致力於參與式展示設計

6

係好比是「國王與我」中的教師與國王，雖然負有教導的責任，却不可輕慢了觀眾。如果展示設計得不生動有趣，無法吸引觀眾自行前來，在門可羅雀的情形下，博物館便失去意義，只成爲一座倉庫而已。

然而觀眾却是極易失去注意力的，研究顯示觀眾的注意力如同下圖，是隨著逗留時間的增長而降低的，參觀博物館時往往前面看得仔細，後面便較輕忽，而有所謂的出口趨向行爲模式。

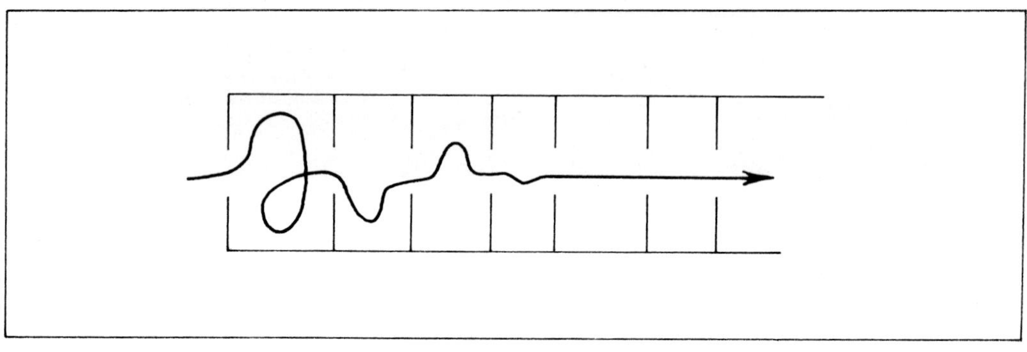

參觀博物館的出口趨向行爲模式

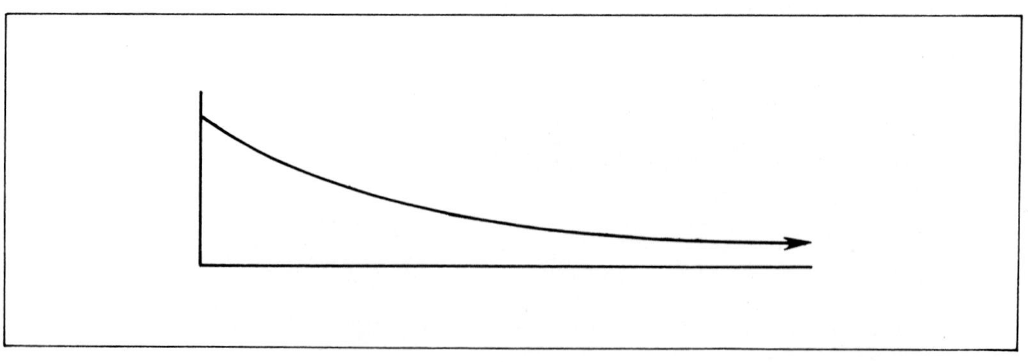

觀衆的注意力隨著逗留時間的增長而降低

7

7
參觀者的注意力持續一段時間後便會感到疲乏
因此休息區的設置便很重要
圖為紐約大都會博物館

探索館的創始人歐本海默（Frank Oppenheimer）便說：「展示設計的基本哲學是爲觀眾創造促進學習的最佳情境」。這句話便是站在考慮參觀者的立場而說的。

三、博物館展示的定義

如果要對博物館展示下一個定義，首先要問美術、歷史與科技這三大類博物館是否具有相同結構、相同目的的展示？

其實，美術作品的展示與科學博物館的展示有很大的區別。基本上科學展示的目的在希望參觀者「理解」科學的原理、沿革、應用與影響，屬於「理解型」的溝通，而美術作品展示的目的不在於要求觀眾「理解」一幅畫，而在於「刺激」參觀者的想像力，開發參觀者的感受力，通過鑑賞，提昇人的情操。對於畫的解釋權在參觀者，參觀者從聯想中組織自己的看法，因此這是屬於「鑑賞型」的溝通。至於歷史類博物館則合兩者之意，既希望觀眾理解文物之歷史背景，又提供觀眾鑑賞藝術品的機會。上述分辨只是概分，其實各種博物館多爲理解與鑑賞併用的情形。

綜合這三類博物館展示的目的，試將博物館展示定義如下：

「所謂博物館展示是運用各種媒體，以容易接受的方式，提供良好的鑑賞環境、解明知識的內涵，以使參觀者得到感動與理解，進而發現問題並探索解答的行爲。」

無論美術類、歷史類、科技類的博物館都可以綜合利用「理解」到「鑑賞」間的各類型展示，因此我們才說，參觀博物館是一種「知性與感性之旅」。

四、各類博物館的展示

• 美術類博物館的展示

美術類博物館（簡稱美術館）主要展出美術作品，包括繪畫、書法、雕塑、綜合造形、前衛藝術等純藝術，也包括手工藝品、工業產品、建築、景觀等屬於應用美術的設計類作品。兩類作品的主要差別在於後者帶有實用機能，而前者不以實用機能爲製作目的。後者得以進入美術館乃因爲它們除了實用機能之外還有豐富的美學機能。

因爲這兩類作品有上述的差異，所以在展出之時參觀者處理所參觀的訊息時也有所不同。

對於純藝術作品參觀者有自行解釋的權利，美術館方面也鼓勵參觀者以此爲話題，彼此討論。因此這是一種「鑑賞型」的傳訊，所有行爲以收訊者爲中心。

而對於設計類作品，參觀者除了鑑賞其造形之美外，也可追尋其設計的合理性，也就是實用機能設計得當否，機能與造形的配合適當否等問題，因此可以說是「理解型」與「鑑賞型」併存的傳訊。

其實就算是純藝術的作品，美術館也可以做「供鑑賞之展示」以外的展示，例如作家生前幻燈片介紹、美術史介紹等等，除了觀眾自

8

8

美術館的展示多爲鑑賞型

但解說文部分亦具增加認識效用

圖爲羅浮宮

己鑑賞，解釋作品外，也可以讀讀作品的背景，聽聽別人或專家的看法。

橫濱近代美術館設有極大的影像資料廳，利用影碟貯存許多著名作品，參觀者可從該處以電腦查詢喜歡的作品，這樣的「展示」已突破美術館的型態了。

• 科技類博物館的展示

科技類博物館包括自然科學與應用科學兩大類，展示的目的在教育科學技術的歷史、原理、應用與影響等，並不以「鑑賞」爲主，較少「鑑賞型」傳訊，而多「理解型」傳訊。但實際上除了少數博物館之外，多數科技類博物館如芝加哥科學工業博物館、安大略科學中心、東京科學技術館等都將展示製作得美侖美奐，顯示科技與藝術結合的傾向。

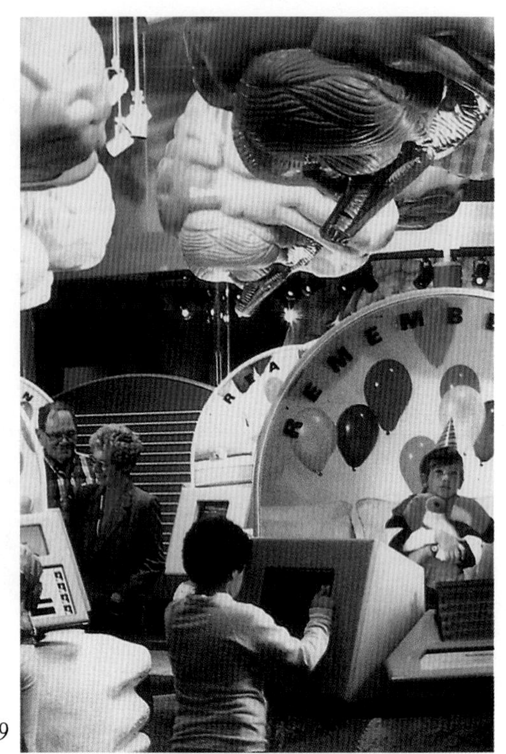

9

9
科學博物館多爲理解型展示
但精美的設計亦值得欣賞
圖爲法國科學城之展示

以臺中自然科學博物館爲例，在「數與形」的入口區設計一個旋轉的雕塑，依時變換燈光顏色，雕塑的影子打在牆上，似乎暗喻色彩與形態的變化實肇因於「觀點」的不同。這個展示其實較接近「鑑賞型」傳訊，參觀者的理解可能因人而有很大的不同，因爲那是由參觀者自行解釋的。爲什麼在科技類博物館中也有「鑑賞型」的展示呢？果士林（D. C. Gosing）所說「能激起參觀者感動、佩服甚於理解的展示可能很吸引人」，站在吸引觀眾的立場，「鑑賞型」的展示也有其存在價值。

• 歷史類博物館的展示

歷史類博物館主要展出歷史文物，例如日本佐倉的國立歷史民俗博物館、我國的歷史博物館、大英博物館等，多數展出具有歷史意義與價值的文物，並有說明解釋該文物。而文物本身在年代久遠之後脫離原先的實用價值（如民藝品），或原本具象徵意義的宮廷文物等，多具有藝術的價值。因此歷史類博物館所傳達的展示訊息往往是理解型與鑑賞型併存的。

10

10.11

歷史博物館的展示品原多具實用價值
但在時空隔離下成爲鑑賞的對象
圖爲大阪民族學博物館之展示

11

五、博物館的展示手法

有關展示手法的分類已經在第二章及第四章中提過，但是範圍縮小到博物館的範疇時，博物館的展示手法確有其特出之處，與銷售、宣傳空間的展示手法大有不同，主要差別根源於博物館展示是教育性質的，往往必須處理大量的資訊才能歸結出適當的展示。

• 以資料安排方式分類

如果只從展示資料安排的方式來考慮，而不管展示將使用的媒體及具體型態的呈現如何，那麼博物館展示可以歸納爲：1. 過程展示，2. 構造展示，3. 個體展示，4. 分類展示，5. 綜合展示，6. 比較展示，7. 二部展示，8. 二重展示，以下詳細說明。

1. 過程展示（Process Display）：以時間爲軸，隨著時間的經過展示其間主題資料、材料、技術的變化的方法。例如鋼片是如何做出來的，由熔礦爐到軋壓等等過程均一一顯示。這種展示如果只是圖片或實物，則冗長的過程往往並不吸引人，以偏光電飾流程或燈箱順序明滅，或者過程中允許參觀者試驗等手法加入，企求留住參觀者是最近常見的做法。此外，以歷史爲題材的歷史展示也是一種過程展示，但在實際手法上並不一定就是歷史年表的陳示而已，以歷史重演、電腦影像檢索……等等都可帶來變化。
2. 構造展示（Structural Display）：相較於過程展示以時間爲主軸來舖陳，構造展示則是在某特定時間或時代裏，以某特定空間爲場景，將展示資料做綜合性的展演。例如在展示臺灣早期農家時，將人物、桌椅、農具、狗……等等，依照當時生活的樣態展現出來，即是一種構造展示，同時也是所謂「時代屋」（period room）的做法。日本民族學博物館館長梅棹忠夫解釋他們所提案的「構造展示」時說：「煙桿本身不是獨立存在的，有煙桿、有火柴、有煙灰缸、有清潔煙桿的工具，它們是這樣成組而存在的，具有構造。而文化是有這類構造的，如果從構造中分離出單件來展示並不太有意義，只有煙桿好玩的造形，不能成爲博物館的展示。」可見表現文化構造的展示才是構造展示。
3. 個體展示：單獨一個個體成爲一展示資訊獨立單元者，稱個體展示。美術館的作品以及故宮的文物展示大多是個體展示。華盛頓

12

13

12.13

構造展示

大阪民族博物館的中國江南農耕用具展及

佐倉歷史民俗博物館的道路與船旅展示

的自然史博物館中庭中的巨象也是一例，科學博物館中做個體展示往往因爲該展品具有特殊性，特別大或特別珍貴，例如華盛頓航空太空館中的登月小艇展示。

14

14.15

個體展示

華盛頓自然史博物館的象及

伊勢神宮寶物館的馬

15

4. 分類展示：依照學問體系的分類基準將展示資料分門別類整理而後展出的方法。因爲是專業的分類方式，對專家或行家而言十分方便，但是對一般參觀者而言，恐怕就艱深繁瑣而索然無趣了。因此現在展示設計的作法不是由學者專家的立場來分類，而是由

17

16.17

分類展示

量測特展中古代容器原器及

大阪民族學博物館雅樂樂器之分類展示

參觀者的立場來分類，一種與生活相關、容易明白的分類。

5. 綜合展示：在展示規劃之初，不先考慮展出那些物品，而考慮想要表現的中心主題與思想是什麼，可以從那幾方面來探討等，再來選取有用的資料做爲引證的方法。例如如果想展示「量度與科技發展間的互動關係」，那麼至少可以由以下幾方面來談，例如，從天文學、化學、物理學等等的歷史中找出量度影響科技的重大實例；從量度儀器本身的改進史中找出新科技對量度儀器的貢獻；從家庭、社會、工廠中找出人們所忽略的量度，而它們却是支持現代生活與科技所不可或缺的……等等。

   許多博物館的臨時特展都是綜合展示，例如「生物與家」、「吸毒的可怕」、「運動」等都是。

18

18

綜合展示

大阪民族學博物館的古代美洲文明展

另外，生態展示也是種綜合展示，乃是自然史博物館所發展出來的展示方法，打破動物、植物與地質三者的壁壘，將棲息地羣體（habitat group）及環境以標本及模型做綜合性的展示。但是靜態的生態展示被批評爲「不過是立體的圖畫」、缺少隨時間而變化的「生」態，最近東京國立科學博物館的新展示「雜木林」，則在介紹雜木林的生態時結合電動軌道移動模型以及影像媒體，隨著情節的進行，分解拆組場景，分別強調出每一段落情節的重點，可以說是新穎而現代化的生態展示與綜合展示。

6. 比較展示：以比較爲主的展示方法，例如在自然史博物館中比較熊、馬與豹的骨骼，解說這三種動物跑姿的不同。比較的目的便在於明白其間異同。實際手法上也不一定是圖面或模型而已，例如已有利用半面鏡（half mirror）使肉身與骨骼的模樣可以在瞬間轉換顯現的手法。

19

19.20.21.22

東京國立科學館的多媒體生態展示「雜木林」

20

21

22

23

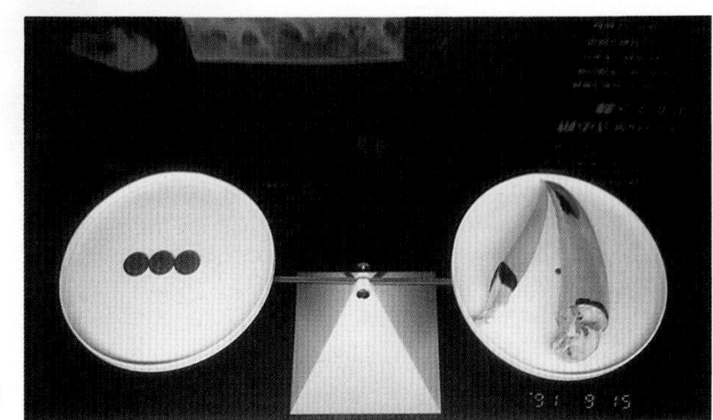

24

23.24

比較展示

礦石結晶的比較展示及重量比較展示

7. 二部展示與二重展示（Dual Arrangement & Double Arrangement System）：參觀博物館的觀眾其知識水準並不均一，專家的興趣與一般觀眾的興趣顯然有別，因此在 1860 年代阿格西博士（Dr. Agasis）提出二部展示（Dual Arrangement）的構想，將供給學者專家的研究資料置於典藏室，將供給一般大眾的展示資料置於展示室，並以容易理解的方式展出。這個構想並且實現於 1873 年新建之大英自然史博物館。就此而言，博物館展示服務的對象明顯地已改爲一般大眾優先。

日本展示專家新井重三則於 1953 年提出二重展示（Double Arrangement）的構想，同樣將展示資料分成研究用與觀眾用兩類，但是在考慮綜合展示與分類展示併用，地域性資料與一般性資料併存等等因素下，將展示室分爲綜合展示室與分類展示室，前者供一般觀眾參觀，後者則供個人或團體研究用。這個想法也真正實施於 1963 年鳳來寺山自然科學博物館。

上述這兩種展示都爲解決觀眾層次不同的問題，然而至今也無法在展示上做圓滿的解決，我們該承認，展示的利用有其極限，需要其他活動與營運的配合，博物館整體才能提供合乎人意的服務。

• 以主要媒體分類

在展示資料安排配置的層次上，並未限定採用那些媒體來實現，實際上我們可以複合或單獨利用各種媒體來呈現相同的主題（雖然展示內容的個別特性也可能限制了展出手法）。因此，若依主要媒體來分類則展示手法及其媒體有如下幾種：

展示手法	使用媒體
靜態展示	圖片、文字、模型、實物
影像展示	影片、動畫、電腦繪圖、立體電影、全像攝影
演示展示	實驗裝置、解說或表演人員
可動展示	動力模型、操作模型
模擬展示	模擬裝置
互動展示	Q & A 裝置，有回饋的互動裝置

因爲博物館擔負社會教育的責任，所以重視展示的實際成效。新的展示技術不斷的被開發、設計出來，而博物館人或設計師最終要問的是：這個展示受歡迎嗎？接觸過它的觀眾真正體會到新的事理嗎？有句話說：告訴我，我很快會忘記；秀給我看，我也許記得；讓我參與，我會明白。（Tell me, I will forget; show me, I may be remember; involve me, I will understand.）因此在博物館展示設計上所謂參與式展示便成爲重要的方式。

• 以對話方式分類

站在參觀者的立場來看，展示與自己的對話方式有如同下圖 AB CD 所示分別爲：參觀型、觸動型、操作型、互動型等四型。分別代表觀衆動手參與展示的不同程度。參觀型展示，觀衆僅以眼觀賞。觸動型則由觀衆身體啓動展示，例如以身體遮斷紅外線，或以手指按按鍵啓動等。操作型則由觀衆操控展示，但展示並不給予聲音或文字之回饋。互動型則在觀衆操作的每一階段都儘量給予回饋。

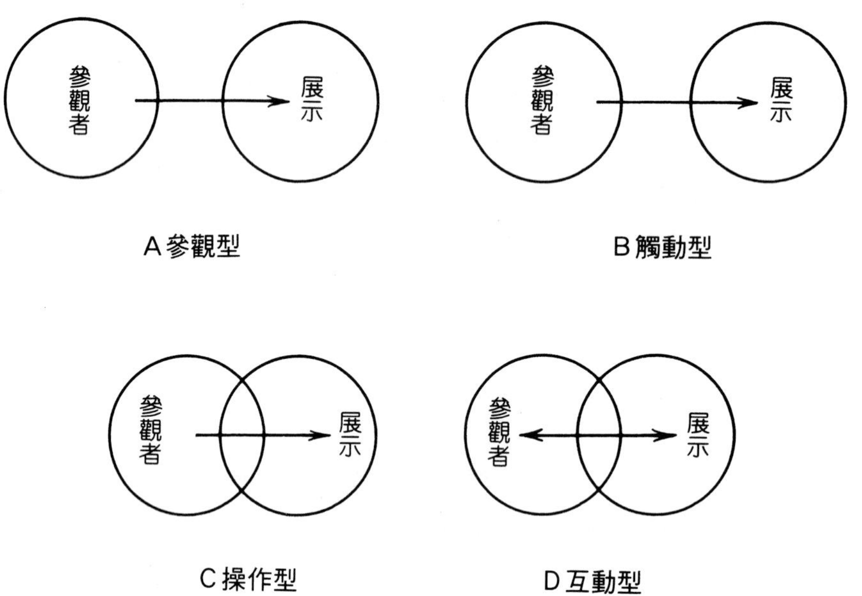

A 參觀型　B 觸動型　C 操作型　D 互動型

每一種類型實際上都有許多實例，下表即是博物館中常見的各類型展示所使用之媒體及實例。

展示類型	使用媒體及實例
參觀型展示	平面圖（說明文、插圖、解說圖） 放大或縮小模型（行星模型、DNA 模型） 復原模型（古代都市模型） 透視造景、全景造景 影像裝置（影碟、幻燈、電腦繪圖） 特殊影像（Imax、Omnimax、立體電影、全像攝影） 音響裝置（背景音樂、聲音解說）

	參觀式實驗裝置（顯微鏡、超低溫實驗） 環境演示裝置（迪斯耐小小世界） 藝術品、環境造形
觸動型展示	觸動式自動表演裝置 觸動式實驗裝置（充水畢氏定理） 觸動式模擬裝置
操作型展示	可操作模型 可操作活動裝置 可操作實驗裝置 拼圖、遊戲、競賽玩具
互動型展示	電腦 Q & A 資訊檢索裝置 模擬式實驗裝置（風洞實驗） 模擬式體驗裝置（模擬飛行）

25

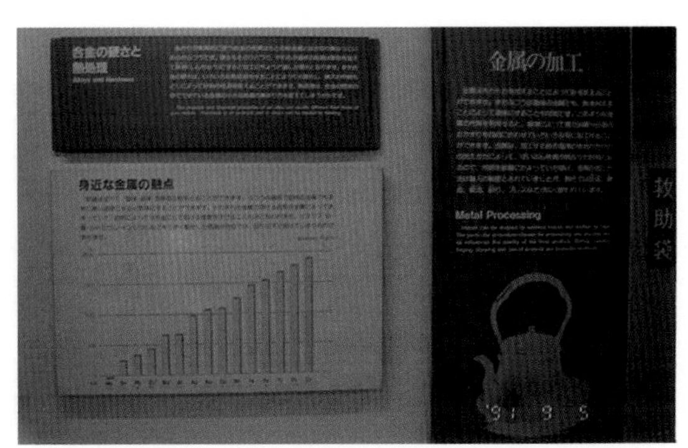

25.26

以解說文爲主的參觀型展示圖爲慕尼黑博物館及東京國立科學館

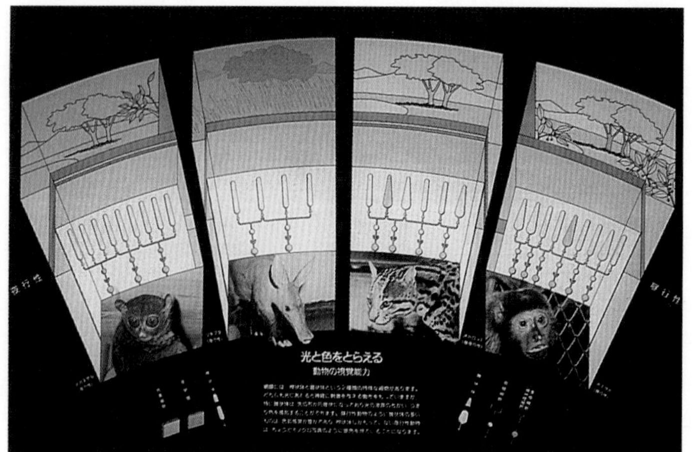

27

28

27.28

以圖片爲主的參觀型展示圖爲千葉動物園

29

利用參觀者視點移動才連成完整圖案的展示圖爲栃木兒童科學館比純挿畫方式多提供了一點樂趣

30

30

以實物為主的參觀型展示
圖為佐倉歷史民俗博物館的繩文土器展

31

31.32

以復元模型為主的參觀型展示
圖為大都會博物館中的蘇州亭園及
富山庄川町資料館的樵屋

32

33

34

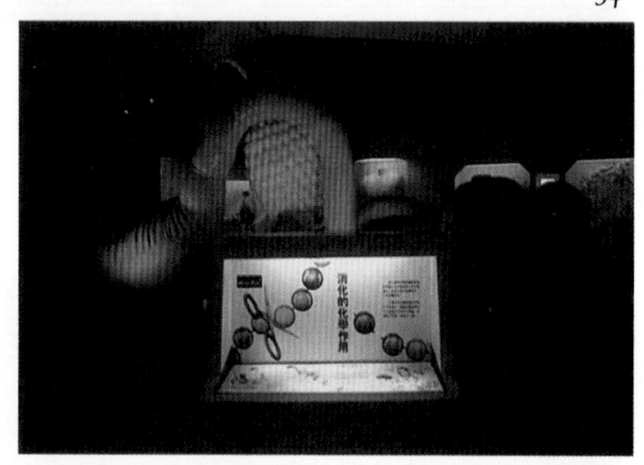

33.34

以縮小或放大模型為主的參觀型展示
圖為大阪民族學博物館的愛奴人之家及
臺中國立自然科學博物館的消化作用展示

35

以影片觀賞為主的展示

35

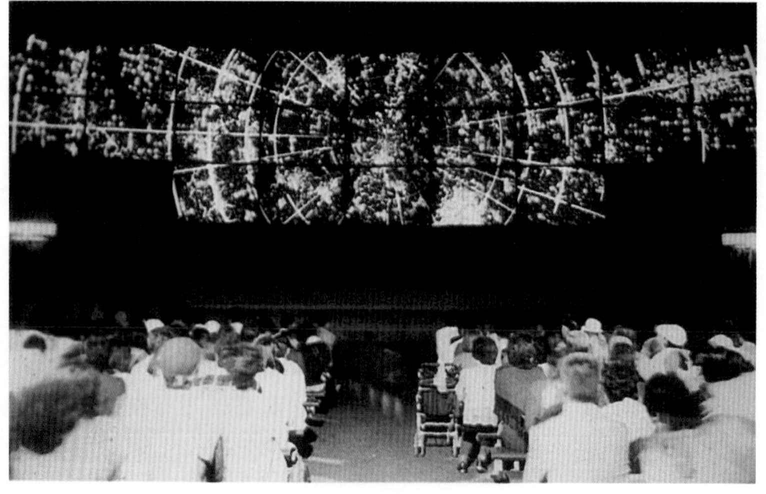

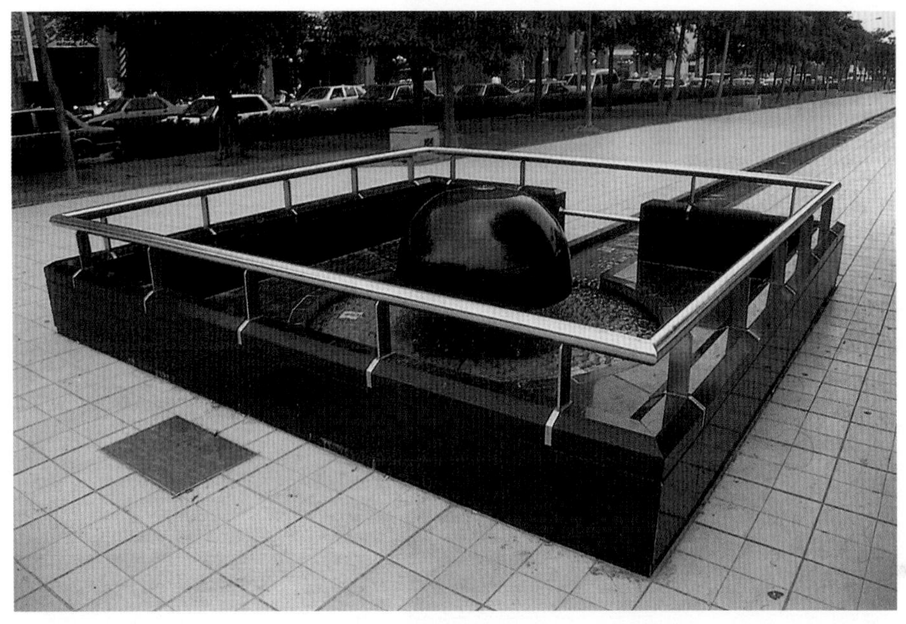

36

36

以環境造形爲主的參觀型展示

圖爲國立自然科學博物館外的展示

37

38

37

巴黎科學城的觸動式展示

38

枥木兒童科學館的展示

經按鈕後牆上的圖形開始旋轉

39

40

39.40.41

可操作型展示

圖分別爲安大略科學中心

東京科學技術館及枥木兒童科學館之展示

41

42

42

互動型展示

仙臺兒童宇宙館的問答機器人

44

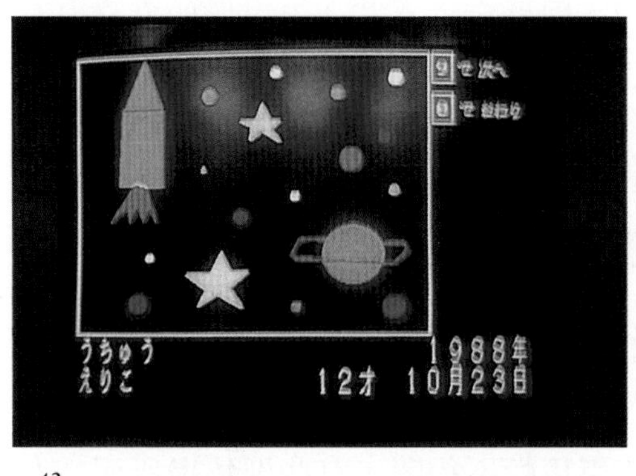

43

43

互動型展示

橫濱兒童科學館的電腦繪圖展示

可供小朋友繪圖、欣賞別人作品等

44

互動型展示

東京科學技術館的Q & A展示

• 參與的感覺

對參觀者而言，他是否有參與或融入（involve）展示中的感覺與展示之大小有關係，如下圖所示從參觀者的眼光來看展示可以分爲比自己小的（或一樣大）、比自己大很多的，或自己被包容在裏面的三型。

小物型展示必須採用操作型或互動型展示比較容易增加參與感；巨物型展示除了採用操作型或互動型展示外，若能使觀眾進入巨物之中或之上亦可增加參與感；環境型展示若使用參觀型展示的特殊影像，或者再配以多種媒體成爲劇場，也可帶來強烈的參與感。

六、博物館的戶外展示

爲了增加空間變化的趣味性，在室內展示中無論是博物館或展示中心或商店展示，往往利用隔間、高低差、天井、吊掛展品等等方式來除去空間的單調感，然而無論如何改變，它依然是室內展示，與戶外的自由空氣多半是隔絕的。對博物館參觀者而言，壹小時以上一直處在密閉的空間環境中，所謂的「博物館疲勞症」便不覺襲上身來。因此半戶外或全戶外的展示空間提供參觀者較寬闊的視野，的確具有提神的作用。

戶外展示依其性質不同各有不同意義，以下簡單分類說明。

1. 純藝術欣賞的戶外雕塑品：例如美術館外的雕塑品，或雕刻公園中的作品，其中有些與外在環境較不相關，有些則依場所而特意設置，不宜更改其方向。另外有一類一般稱作動感藝術（Kinetic Art）的雕塑作品往往利用自然力如水、風、重力、太陽能或馬達帶動，使雕塑品具有變動型態的能力，可謂科技與藝術的結合。

45

45

純藝術欣賞之戶外展示

圖爲芝加哥科學工業博物館外

2. 做爲博物館指標的戶外雕塑：例如八王子兒童科學館外的不鏽鋼雕塑「天樹」，枝幹上分別有溫度、濕度與氣壓的感應器，隨數據不同而呈不同型態。它不僅做爲博物館的入口指標，也暗含了科學應用，同時也具有小部份的教育意味。

46

46.47

戶外展示亦具有指標作用

圖爲八王子兒童館及高松市立美術館

47

3. 具教育意義的戶外展示：除了動、植物園外，歷史類博物館，尤其是考古遺趾博物館或建築博物館往往將先民的生活情境直接展示於大地上（下），這類展示不能視爲現代雕塑創作，原來文化型態的重現即是最真實的教育。另外科學博物館外常有火箭、輪船、鯨魚、時鐘甚至 DNA 的巨大實物或模型，除了顧慮室內擺不下外，把教育活動延伸到戶外也是重要理由。同時這些展示也具有裝飾戶外環境的作用。

48

49

48.49

具教育意義的户外展示
栃木兒童科學館的時鐘展示及
「日本交通博物館的火車頭展示」

50

51

50.51

户外展示亦具有休憩功能
圖爲栃木兒童科學館的庭園
設計了供小朋友遊戲的場所

• 戶外展示設計的考慮因素

在進行戶外展示時應考慮以下幾個因素：

1. 承受風吹日曬的技術維護問題：展示所使用的材料、強度和固著的方式都必須注意。
2. 切合主題的問題：在歷史博物館前擺個 DNA 的雙螺旋模型便無法切合主題了。
3. 區域特色的問題：博物館是固著於特定地方的（巡迴展除外），戶外展示具有很強的地標作用，博物館本身也有很強的象徵作用，因此不能不考慮加入地區特色。

除開上述三點，戶外展示上仍然以創意爲重點。

七、博物館展示之籌建程序

在所有展示設計中博物館展示無疑是最爲費時費事的一種，時間上一般需要 3 年以上，人力方面更牽涉到博物館研究員、顧問、設計師及製作施工業者等等，所處理的內容更廣泛而深入，非有相關學者專家參與難竟全功。因此博物館的展示是前述各方人員團隊合作的結果，只有設計師是無法成事的。

如果將展示籌建分成：(1)基本構想階段，(2)基本設計階段，(3)細部設計階段，(4)製作安裝階段，(5)測試與開放階段。那麼除了開放階段外，各階段中各類專家的參與情形便如同下表。其中規劃委員與展示指導委員及籌建顧問是博物館的外聘人員，研究人員及行政人員是博物館內編制人員，展示企劃人員與展示設計人員是將展示具體化的主要人物，依各國各館情形不同，有些在博物館編制內（例如，加拿大的安大略科學中心），有些則爲專業公司型態（例如大部份的日本情形）。展示製作者則大致上是私人企業（舊金山的探索館展示由館內人員親自研究製作完成仍屬少見）。

	基本計畫階段	基本設計階段	細部設計階段	製作安裝階段
籌建委員會	建館基本資料調查 提出建館基本計畫			
規劃委員會	建館基本計畫研究			
展示指導委員會		展示指導及建議	展示指導及建議	
博物館研究員	調查及收集展示內容之基本資料 彙整展示基本計畫之條件	決定展示方針 列整展示資料	收集與確認展示資料 整理與分析展示資料 協商各方襄助解說圖文之定稿	展品與展示資料之確認 展示製作驗收測試
博物館行政及營運人員	開始籌建工作 甄選展示公司	研擬營運計畫	檢討營運計畫 甄選製作公司	協調建築施工及展示製作 開館前準備 展示製作驗收
展示企劃者及展示設計者	基礎資料調查與現場調查(Ⅰ)	資料分析與現場調查(Ⅱ) 基本設計 製作費用概算	細部設計	監造展示工程
展示製作者			展示試製並檢討 製作階段之現場調查	工廠內製作 現場製作、搬入及組合 整理解說文 攝影及編輯

在上表中展示企劃者、設計者及展示製作者在各階段中的工作更詳細地列出如下：

1. 基礎資料調查與現場調查（Ⅰ）（展示設計者）
- 現有資料調查
- 相關文獻之閱覽
- 類似設施、相關設施之考察
- 規模（預算、用地、延床面積）之決定
- 相關法規之檢討
- 附近環境狀況之掌握
- 當地風土、環境之掌握
- 相關史跡等之現地調查
- 建築用地之調查與確認
- 展示工程表之策劃
- 博物館設置場所之氣象特徵之掌握

2. 提出展示基本計畫（展示設計者）
- 構想的基本想法
- 展示資訊的整理與分類
- 展示手法之概要
- 各種展示手法之提示與檢討
  室內展示與室外展示
  常設展示與特別展示
  分類典藏展示
  歷史的、編年史的展示
  主題展示
  構造展示
  綜合展示
  體驗型展示
  雙重展示（依對象層分）等
- 動線變化的提示與檢討
  自由動線
  強制動線
  自由與強制動線併用
- 觀眾對象之設定
- 展示資料之概要

• 各種展示技術例子的提示與檢討
• 從資料特性來看展示手法的提示與檢討
　固定展示
　外露展示
　箱內展示
　透視體造景
　活動造景
　環境復原展示

3. 資料分析與現場調查（Ⅱ）（展示設計者）
• 一年例行事項（如節慶）鄉土民俗等之現地調查
• 主要資料的確認
• 透視造景、模型、活動造景等設計之第一次現地調查

4. 基本設計（展示設計者）
• 由構想轉移到計畫
• 分區計畫
• 解說計畫
• 平面圖、立面圖、草圖
• 展示工程進度表之製作
• 建築設計的條件
　天花板高
　展示室面積
　動線（設施、管理、資料等）
　地板載重
　電氣容量等
• 博物館之整體目標
• 各區之特色
• 照明、音響、影像計畫
• 展示資料列表之製作

5. 工程製作費用概算（展示設計者）
• 工程概算
• 資料收集之確認
• 尚未收集之資料的掌握

- 仿製品製作之實際調查
- 選建與復原建築之調查
- 透視造景、模型、活動造景等之調查

6. 細部設計（展示設計者）
   - 博物館整體的特色
   - 動線計畫
   - 照明計畫
   - 造形（模型、仿製品）計畫
   - 展示用具（如展示臺）計畫
   - 展示資料列表（List）之製作
   - 平面圖、立面圖之製作
   - 透視造景、活動造景、模型、裝置之詳細圖
   - 特殊樣式圖面製作
   - 參觀者導覽計畫（參觀時間的設定）
   - 解說計畫
   - 影像、音響計畫
   - 色彩計畫
   - 各區特色與展示的展開
   - 展示替換循環之計畫
   - 各部詳細圖之製作
   - 預算報告製作（展示工程費的最終估算）
7. 試製、攝影及現場調查（展示施工製作者）
   - 模型試製
   - 可動機構的試製與測試
   - 一年例行事項與農耕例事等的攝影
   - 展示箱内照明、溫濕度的評估
   - 視聽器材啓動程式之設定
   - 資訊裱板的表現法試製
   - 四季景觀的有計畫攝影
   - 裱板解說用文字字體與級數的設定
   - 博物館的氣候條件與裱板、展示箱及視聽器材（磁碟、底片）的耐用評估

8. 整理解說文與圖表（展示施工製作者）

- 文字使用之統一
- 文字字數之確認
- 各種圖表之調整

9. 展示工程監造（展示設計者）

- 發包之協助
- 工場內製作之監工
- 現場製作之監工
- 各部樣式之最終檢核
- 資料展品作業之協助
- 施工圖之檢討與認可
- 現場搬入作業的參與
- 工程之監督
- 各種演示之學習測驗
- 解說板之類的配置協助

上列工作在籌建過程中有許多必須相互配合的地方，形成緊密的作業流程，下圖是博物館展示作業流程之一例。

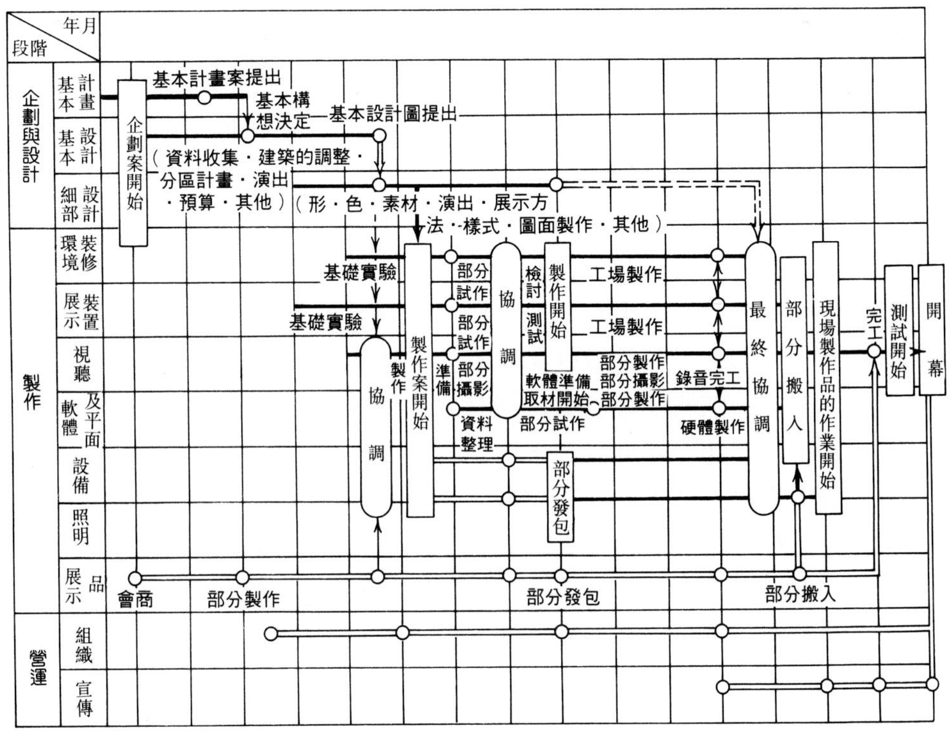

展示作業流程圖之一例

• 博物館展示企劃中不同專業的整合

在展示設計競圖評分時，一般而言可將評分項目分成三大類，其一是內容規劃，其二是教育效果，其三是展示設計，另外附加上過往業績。這樣的劃分方式說明了，對一個展示設計案的評核可以有那些不同的觀點。

反過來說，當我們在籌備一個展示主題時，也正需要主題相關專業研究員，教育專家及展示規劃設計師的通力合作。而大多數博物館展示籌備的傳統作法「乃以線性處理方式，由幾個部門接駁完成……通常由研究人員開始，提出展示概念後便由設計人員負責硬體規劃，最後再由科教人員根據所完成展示，準備相關的科教活動」。但是「這種傳統作業方式常產生展示理念過於深奧、曲高和寡的現象，也可能造成展示方式無法和展示理念契合的情形，或因先期作業人員無法預知的錯誤而導致財力的嚴重損失等問題」。

1980 年開始芝加哥費氏博物館主辦一系列的討論會，乃是針對上述弊病，提出「展示製作羣」的展示籌備方法。由專業研究員、教育人員與設計人員共同參與從內容綱要、理念設定到展示設計的整個過程。在製作羣中，研究員可以提供專業相關知識，幫大家理解當前資訊，協助選擇蒐藏品；教育人員則負責使製作羣認識觀眾學養的層次和興趣，評估展示受歡迎程度及引起興趣的展示手法，並對說明文及其他教育性媒體的語文深淺程度提出建議；設計人員則提供展示製作之技術性知識、分析展示理念對展出型態的適宜性，並從觀眾的觀點提出對展示內容的看法。

事實上「製作羣」的構想十分接近工業設計中「核心小組」的做法。在企業中產品開發的傳統做法是由企劃部門提出構想，交機構部門完成機構設計，再由工業設計師完成整體外觀，其間雖也有多次會商折衝，但基本上仍是線性接駁方式，機構部門受限於企劃部門的構思，工業設計部門受限於機構與材料，三者之間彼此制約者多，共同創造者少。因此在產品設計上的新思想即是打破領域，在產品開發小組中放入前述三種人，而這三種人專攻雖不同，却有相同要求，即都必需是「創意人」，藉由共同創作來完成新產品的定位與開發。

因此，我們對照企業中產品開發核心小組的構想，即可理解，博物館展示製作羣也同樣要求三種不同專業的人發揮「創意」，以塑造一個有特色，有教育效果，有吸引力的展示館，尤其是在博物館生長速度愈來愈快的此時，展示主題不免重疊，展示籌備人員便必需在「展示理念塑造」（concept making）及展示技術上創新。

八、博物館展示與教育

在博物館的歷史中「博物館教育」的型式有許多演變，早期的博物館像個倉儲陳列館，典藏的功能第一，展示只是附帶品，展示場的排列是依專家學者研究需要而分類，對觀眾的解釋極少，館中的警衛守著一大堆標本，因爲參觀者少幾乎要打瞌睡了。展示技術的革新雖然改變了陳列狀態，但博物館疲勞症仍不易克服，縱然是很精彩的博物館，休息區一般多是高朋滿座。

展示技術的革新對博物館的展示已經產生了重大的影響。以前只要有展示品就算達到博物館的目的，但是現在則不能不考慮各種展示設備,例如可以吸引大眾的影像設備，實驗設備，模擬裝置等展示媒體。換句話說新時代的博物館本身必須有所轉變，除了研究、典藏、展示、教育之外，娛樂也成爲重要功能之一。例如國立科學工藝博物館的建館方針中便明白寫著：「使成爲世界級的觀光重點」。

有個很好的理由說服博物館傾力製作精美的展示，那就是「寓教於樂」。這句話代表博物館與觀眾的角色變了，主角換人了。博物館既然負有教育的任務，而且標榜不同於學校的教法，那麼如果展示要介紹電磁學，而觀眾看了卻仍不懂，展示本身便必須做檢討，甚至有些博物館做調查，看那些展示較不受歡迎便更換它。觀眾遂成了強勢的被教育者，博物館則是電影「國王與我」中的弱勢教師。

因此，影響博物館展示呈現的，不只是新技術的革新與展示設計師的功力，更重要的是館方對「博物館教育」的看法。也就是博物館做爲一個社會教育的機構，他該提供社會什麼型式的教育？

在學校教育中，學生在優秀老師的指導下可以學習到歷史或科學技術的原理與原則。從簡單的原理與法則到複雜的概念，在有系統的課程及實驗與討論下鞏固了知識。

但是學校教育有其局限，因爲它必需採用有系統的課程，使得學生個人所關心的題目只能得到有限的照顧，特別是在設備方面，要準備一個具有大型機器、實驗用具或各種裝置、電腦等設備，可以讓學生隨時可以接觸的環境可以說十分困難。

博物館的教育思想與學校不同，展示空間內不以累積系統性的知識爲主，而是在某個共有的時間與空間內，不斷重複操作、模擬、實際體驗並與日常生活對照檢證。透過體驗與討論等所謂「情境經驗」而增進知識。這種資訊處理的方式基本上完全不同於學校教育。反而成人教育（Andragogy）的理念如「非正式的學習」、「學習情境必需是友善的」、「學習必需以問題爲中心」……等等却非常吻合近代博物館展示設計的理念。

展示廳中各個題目的設定所以與學校的課程設計不同便是基於上述理由。在這層意義上，學校教育與博物館教育，對相同的題目內容可以說採用了完全不同的手法。在這種觀點下做爲社會教育工具的博物館展示，在選材上便不能不注意內容與參觀者一般生活的連繫性，而在設計上如何減少冷漠感，增加親切感遂成爲一大課題。

除了兒童博物館之外，一般而言博物館展示的價值之一在於它能適應不特定多數觀眾的不同需要。它並不是去應和某個人或某個羣體的需要，而是以提高全體國民的水準爲目標。

反過來說，這也是博物館的限制。因爲只有展示並無法充分地針對觀眾性格、知識水準、個別能力與個性等做相應的、細緻的服務。引導者必需認識觀眾心理，做適當的引導再由實際經驗中將真正需求回饋給展示單位。因此，展示與觀眾間應有社會教師的存在。

如果身負學校教育責任的教師能熟悉博物館展示，有時甚且與博物館方面進行討論，來加深理解，那麼教育將走向一條更好的路。

博物館的教育系統中，有針對學校教師的講習，參加過講習的老師可以配合學生的個性與課程進度，帶領全班來參觀。從這個觀點來想，爲使學校教育與博物館教育相連繫，優秀社會教師的培養是非常重要的因素。

9-2 博覽會展示

一、博覽會的目的

如果博物館是百年大計，那麼時間一般在半年左右的博覽會則充滿了短期盛會的感覺。博物館是日常性質的，博覽會則是非日常性質的，像是突發的、令人期待。有趣的是，博物館也不斷希望營造非日常性的活動，因爲非日常性的「特別活動」具有話題性，容易吸引人。

博覽會的目的有以下幾個，但並不一定每次都能成功。

1. 展示工業產品與資訊，使一般人都能知曉。
2. 促進產業與文化的興盛（包括展示設計及製作業）。
3. 促進地方的繁榮。

博覽會有萬國博覽會（即國際博覽會）和國內博覽會（即地方博覽會）之別，其歷史說來並不太長。

二、博覽會的歷史

博覽會的誕生是工業革命所帶來。工業革命使機械工業發達起來，1756 年倫敦產業博覽會的目的之一，即是爲了展示機械工業的成果，而成爲史上最早的博覽會。其後歐洲各國逐漸舉辦國內博覽會。1851 年倫敦萬國博覽會在海德公園開幕，主要的展覽館即是由鋼架與玻璃構成的著名的水晶宮（Crystal Palace）。1889 年巴黎萬

52

1851年倫敦萬國博覽會的水晶宮

長563公尺，寬124公尺

大約用了5000枝鋼筋，30萬塊玻璃

52

53

53

1889年巴黎博覽會

其中建造了312公尺高的艾菲爾鐵塔

大約用了7300噸鋼材

國博覽會中則建設了大名鼎鼎的艾菲爾鐵塔。1928 年各國在巴黎簽訂了國際博覽會條約，此後著名的大型萬國博覽會包括：1935 年布魯塞爾、1939 年舊金山與紐約、1958 年布魯塞爾、1962 年西雅圖、1964 年紐約、1970 年大阪、1975 年沖繩海洋博覽會、1985 年筑波科技博覽會、1992 年　西維亞博覽會等。下面則將國際博覽會的年表整理如表：

名稱	時間	會場	主題與特色
巴黎萬國博覽會	1900	法國巴黎	法國約 100 館、外國 75 館、腳踏車、汽車、X 光、無線電信、照相等。
聖路易士萬國博覽會	1904	美國聖路易士	路易斯安納州百年紀念、160 臺汽車、無線電實驗、5 個氫汽球、直徑 30 米的花臺時鐘。
巴拿馬太平洋博覽會	1915	美國舊金山	入場者搭飛機、利用電影爲宣傳。
倫敦萬國博覽會	1924	英國倫敦	紀念倫敦奧運。
費城萬國博覽會	1926	美國費城	紀念美國建國 150 年。
芝加哥萬國博覽會	1933～34	美國芝加哥	主題：進步的一世紀 展場使用人工照明及空調。

布魯塞爾萬國博覽會	1935	比利時布魯塞爾	主題：民族和平 比利時鐵路百年紀念、大小宮殿建築350棟。
巴黎萬國博覽會	1937	法國巴黎	主題：近代生活的藝術與技術 星象館開放、以動態展示原子的連結、畢卡索「格爾尼卡」畫作展出。
紐約萬國博覽會	1939～40	美國紐約	主題：明日世界 華盛頓就職150年紀念、中央設210米高之尖碑及直徑60米之球體。
布魯塞爾萬國博覽會	1958	比利時布魯塞爾	主題：科學文明與人 蘇俄的人造衛星、世界最大的橫樑圓形劇場。
西雅圖萬國博覽會	1962	美國西雅圖	主題：宇宙時代的人類 具180米的迴旋展望臺「宇宙之針」、大企業館的展示愈形魅力。
紐約世界博覽會	1964～65	美國紐約	主題：由瞭解獲和平 紐約誕生300年紀念、直徑50米的地球儀。
蒙特婁萬國博覽會	1967	加拿大蒙特婁	主題：人類與世界 新建地下鐵、圓頂建築及帳幕建築、多銀幕展示。
大阪萬國博覽會	1970	日本大阪	主題：人類的進步與和諧 影像媒體多樣化、日本與外國館合計116館。
環境博覽會	1974	美國斯伯肯	主題：無污染的進步。
沖繩國際海洋博覽會	1975	日本沖繩	主題：海洋——期望的未來 海洋相關產業與開發的展示、以影像展爲主。
神戶港島博覽會	1981	日本神戶	主題：新型海洋文化都市的創造 使用影像及電腦資訊系統。
能源博覽會	1982	美國諾斯比爾	主題：能源——世界的原動力。
河川博覽會	1984	美國紐奧良	主題：河川的文明與世界。
筑波國際科技博覽會	1985	日本筑波	主題：人、居住、環境與科技 日本及外國館合計112館。
交通博覽會	1986	加拿大溫哥華	主題：運動與人類。
國際休閒博覽會	1988	澳洲布里斯班	主題：科技時代的休閒 澳洲建國200年紀念
西維亞博覽會	1992	西維亞博覽會	主題：發現的年代。

三、博覽會中展覽館的籌建程序

展覽館的籌建程序如下圖，大致包括企劃、基本計畫、基本設計、細部設計、展示製作工程到完成開放等階段。

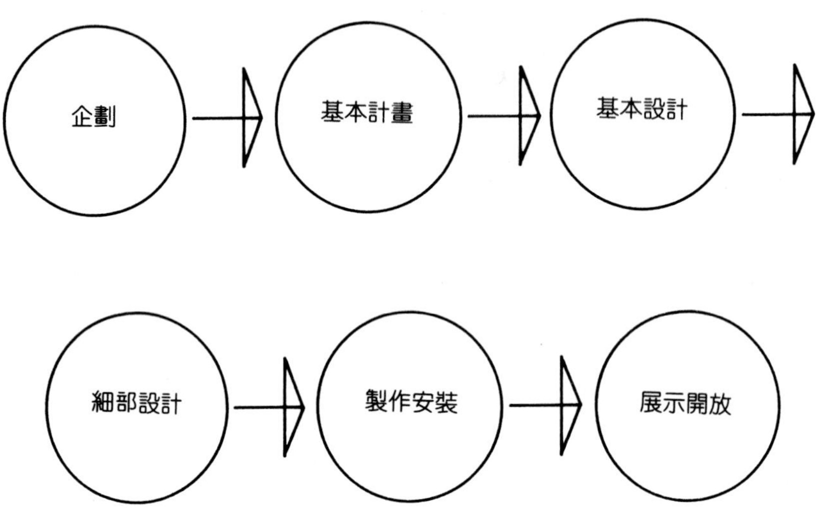

各階段的主要工作簡列如下：

1. 企劃
   - 與業主商談，理清其對展示內容、方式之意向
   - 市場調查、計算每日目標入場人數、計算所須規模
   - 決定題目
2. 基本計畫（企劃書）
   - 擬定展示計畫方針，決定展示計畫的方向性
   - 說明展示的構成
   - 繪展示計畫說明圖
   - 展示預算使用計畫
   - 資料調查、數據收集
   - 展品收集、整理
3. 基本設計
   - 補充基本計畫
   - 平面配置設計
   - 立面展開圖

- 模型、立體造景等的機構設計
- 平面設計及標識設計
- 視聽設計
- 照明計畫
- 展示製作費概算
- 確認建築方向的配合條件
- 確定展示資料
- 分包製作如軟體程式、攝影等的調查
- 細部設計用資料之收集

4. 細部設計
   - 造形、機構、模型、立體造景等之細部設計
   - 視聽設計
   - 照明裝置計畫
   - 複製品之設計
   - 展示裝置設計
   - 詳細估價單
   - 展示工程發包
5. 展示製作工程
   - 工廠內製作
   - 組立
   - 陳列
   - 確認展示品
   - 搬入作業
   - 現場管理
6. 開幕
   - 開幕式
   - 維修問題

四、博覽會展示的特色

對建築師與展示設計師而言，博覽會的展覽館具有極大的自由度，因爲基本上博覽會是個盛會，大多數建築與展示在會期結束之後都將拆除掉，在這暫時建起的會場上設計師們比較能縱情揮灑，而參

觀者也期待一嘗新鮮的視聽盛宴、期待著驚喜。

在這種心理下展覽館建築眩人耳目、展示設計驚魂懾魄也就不足爲奇。也因爲它是暫時的，展示設計者得以與建築師做良好的搭配，充實展覽館的外觀與內在。在博物館或商店的情形，往往展示設計不得不牽就於建築，因爲建築計畫（建築物）早於展示計畫。在博覽會中則有許多例子顯示展示決定了建築外形。

博覽會往往將當代的新科技與新材料做大膽的嘗試，以一新耳目，水晶宮與艾菲爾鐵塔是如此，近代博覽會則表現在展示內容處理的手法上。1967 年加拿大蒙特婁博覽會，不僅在建築造形上爭奇鬥新（新造形往往是由於新技術設計的突破），更使用了影像媒體做展示，另外還提供各國食品及傳統音樂，充分融合了知性與娛樂性。今天博覽會已相當盛行，幾乎每一年都有，而其構想之根底總不脫蒙特婁博覽會的做法。

54

54

博覽會是臨時的盛會

各展示館的建築不追求彼此調和或統一

反而追求大膽的造形。例如：

a.1985年筑波博覽會住友館

b.1989年廣島海與島博覽會主題館

c.1989年廣島海與島博覽會NTT館

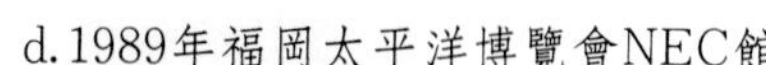
d.1989年福岡太平洋博覽會NEC館

e. 1989年橫濱博覽會入口看板建築

f. 1989年橫濱博覽會入口建築

g. 1989年橫濱博覽會東京瓦斯館

h.1989年橫濱博覽會NTT館

i. 1989年橫濱博覽會MMC館

j. 1989年橫濱博覽會SOGO館

k. 1990年大阪花與綠博覽會JT館

l. 1990年大阪花與綠博覽會銀杏館

未來的博覽會展示還會出現什麼新奇的展出手法是難以逆料之事，但是從過去的經驗可以歸納近來博覽會展示的特色如下：

1. 造形語意豐富而大膽的建築成爲展示的一部份。
2. 大量使用聲音與影像媒體，而且搭配變化繁多。
3. 重視環境形塑，創造「虛擬的真實」供觀眾體驗。

因爲各館的展出內容有偏向使用影像裝置的劇場，以及偏向形塑環境，展出各種人工造形展品的兩種趨勢，所以展覽館也可概分爲前者的劇場類及後者的造型類。

其中劇場類展示的發展還是近三十年來的事。雖然早在 1937 年巴黎萬國博覽會中已有星象館的開放，但是真正使用影像媒體造成世人驚奇的，則是 1967 年蒙特婁博覽會的多銀幕（muti screen）展示。隨後的大阪萬國博覽會亦出現許多新影像媒體，此後的博覽會中影像媒體都成爲吸引觀眾的利器，其影響所及商業空間、娛樂空間及博物館也都走向視聽影像之路，到今天甚至活動廣告車也使用影像媒體，幾已成泛濫。

在博覽會中使用過的影像劇場大致上包括：

1. 大型影像劇場：例如 IMAX、OMNIMAX、360 劇場等。
2. 多銀幕劇場：由許多小畫面集合而成，放映時可做多種時序變化。
3. 立體電影：戴上特殊眼鏡後可觀賞立體效果的電影。
4. 交談式影像：使觀眾能夠參與影片內容與情境變化者。
5. 模擬式影像：銀幕外的模擬要素亦能加入故事中以增加實際體驗感覺者。
6. 移動影像：指銀幕或放映機等可以移動表演的方式。
7. 複合影像：將前列幾種影像複合使用者。
8. 特殊影像：魔幻劇場或球面影像等特殊手法處理者。

各種影像媒體之詳細情形請參考第 5 章第 6 節。我們可以預見在視聽媒體方面，因爲科技的發展，將來顯現的必然是更逼真，更具震撼力的影像展示，而這些新媒體很有可能會先在博覽會中測試，且讓我們拭目以待。

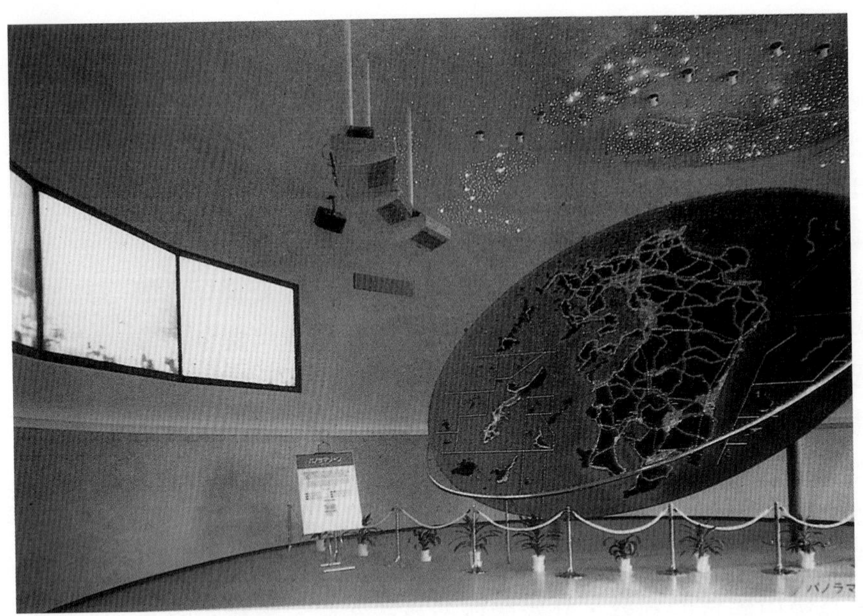

55

博覽會中大量使用大型影像媒體，例如：

a.福岡太平洋博覽會主題館的分割銀幕

b.大阪花與綠博覽會銀杏館之大銀幕

c.橫濱博覽會日立館爲兩片3.1×11公尺的銀幕
觀衆席上有觸摸式螢幕
可與影片中主角猜拳

d.橫濱博覽會三菱館
15×20公尺的全彩立體電影

e. 橫濱博覽會芙蓉館、立體電影

f. 橫濱博覽會JT館

利用magic mirror使眞人與影片合演

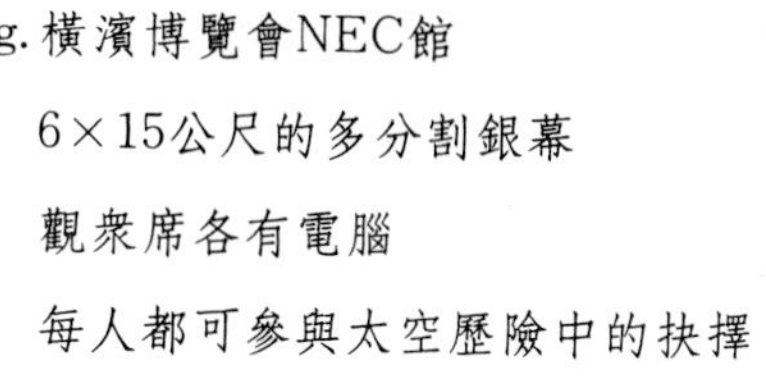

g.橫濱博覽會NEC館

6×15公尺的多分割銀幕

觀衆席各有電腦

每人都可參與太空歷險中的抉擇

h.橫濱博覽會富士館，IMAX電影

i.橫濱博覽會建設館，立體動畫

56

56.57

筑波博覽會的戶外造景增添趣味
圖爲利用錯視的立體造形
（吳淑華攝）

57

除此之外博覽會場在公共設施及景觀上也設法增進情趣，連厠所都與衆不同。表演節目與遊行等亦在會期中時常舉行，博覽會可以說是短期的主題公園。

58

58.59.60

筑波博覽會的動感雕塑

(吳淑華攝)

59

60

61

61

橫濱博覽會的「水舞」吸引許多人遊樂其間

我們常見各國積極爭取辦理奧運的主權，因為那對提升國家形象十分有助益，同樣的，能否在我國辦好世界性的博覽會也將證明我國的實力。

討論問題

1. 包浩斯（Bauhaus）師生的設計如何影響博物館的展示？
2. 博物館的功能有 3E 之稱，3E 指的是什麼？
3. 什麼是「博物館疲勞症」？
4. 科學博物館的展示與美術館的展示在本質上有何不同？
5. 博物館展示上所說的「分類展示」與「構造展示」各是什麼意思？
6. 臺北的故宮博物院的展示與臺中的國立自然科學博物館的展示，兩者相比較有什麼不同？

7. 博物館的展示以主要媒體來區分，可分成那幾類？
8. 博物館的展示以參觀者與展示間的對話方式來區分，可分成那幾類？
9. 你最喜歡國立自然科學博物館中的那一項展示？你認爲自己從其中認識到了什麼？
10. 你認爲最吸引人的博物館展示最具有教育意義嗎？
11. 博物館的戶外展示有什麼用呢？
12. 籌建博物館展示時理論上應由那些方面的專家一起共同參與？
13. 博物館教育與學校教育有何不同？
14. 博覽會誕生的時代背景爲何？
15. 博物館及博覽會上常用的展示媒體有那些？
16. 博覽會中常被使用的影像媒體可分爲那幾類？
17. 以你的想法，博覽會展示有那些特色？
18. 博覽會展示與展覽會展示，你認爲有何異同？

參考文獻

中文文獻

1. E. J. Mayo & L. P. Jaruis 著，蔡麗伶譯，《旅遊心理學》，揚智文化，1990。
2. Chuck Y. Gee，Dexter J. L. Choy，James C. Makens 著，林沅漢譯，《觀光旅遊事業概論》，桂冠，1990。
3. 鈴木忠義等著，陳水源編譯，《觀光地區評價方法》，淑馨，1988。
4. 楊和炳著，《市場調查》，五南圖書，1990 年 2 版。
5. 羅文坤、鄭英傑編著，《廣告學——策略與創意》，華泰書局，1989 年 3 版。
6. 袁之琦、遊恒山編譯，《心理學名詞辭典》，五南圖書，1990 年 3 版。
7. Rita L. Atkinson 等著，鄭伯壎等譯，《心理學》，桂冠，1990。
8. 何中華、黃燕釗著，《臺灣地區的遊樂園》，詹氏，1991。
9. 楊鴻儒編譯，《賣場設計新魅力》，書泉，1989。
10. 丘永福編著，《商品展示設計》，藝風堂，1990。
11. 馬以工主編，《中國人傳承的歲時》，十竹書屋，1990。
12. 陳其澎著，《建築與記號》，明文書局，1989。
13. 劉昶著，《西方大眾傳播學》，遠流，1990。
14. 李幼蒸選編，《結構主義和符號學》，久大＋桂冠，1990。
15. 俞建章、葉舒憲著，《符號：語言與藝術》，久大，1990。
16. Richard E. Mayer 著，黃瑞煥等譯，《認知心理學》(*The Promise of Cognitive Psychology*)，復文，1988。
17. F. Jameson 著，唐小兵譯，《後現代主義與文化理論》，合志，1990。
18. Roland Barthes 著，洪顯勝譯，《符號學要義》(*Elements of Semiology*)，南方，1989。
19. Christian Norberg Schulz 著，曾旭正譯，《建築意向》(*Intentions in Architecture*)，胡氏，1990。
20. 高宣揚著，《解釋學簡論》，遠流，1988。

21.何秀煌著，《記號學導論》，水牛，1988。
22. Kurt Rowland 著，柯志偉譯，《模式與形態》(*Looking and Seeing*)，六合，1988 年 2 版。
23.張春興著，《現代心理學》(上)，東華，1990。
24.包遵彭著，《博物館學》，正中書局，1987 年 3 版。
25.張譽騰著，《科學博物館教育活動之理論與實務》，文史哲出版社，1987。
26.洪楚源等著，《國立科學工藝博物館籌備處展示組 80 年度研究計畫報告》，1991。
27.鍾聖校著，《認知心理學》，心理出版社，1990。

中文期刊

1. 林政行譯，〈博物館與學習〉，《博物館學季刊》，V1，No.3，1987 年 7 月。
2. 鄭惠英譯，〈心理學與展示設計小記〉，《博物館學季刊》，V2，No.2，1988 年 4 月。
3. 張譽騰譯，〈全球村中博物館的未來〉，《博物館學季刊》，V2，No.3，1988 年 7 月。
4. Steven A. Griggs 著，岳美羣譯，〈博物館展示的評量〉，《博物館學季刊》，V2，No.2，1988 年 4 月。
5. 陸定邦譯，〈展示語言〉，《博物館學季刊》，V3，No.4，1989 年 10 月。
6. Minda Borun 著，張崇山譯，〈博物館展示的影響性評估〉，《博物館學季刊》，V4，No.2，1990 年。
7. 程延年譯，〈博物館觀眾心理學〉，《博物館學季刊》，V2，No.4，1988 年 10 月。
8. 劉和義譯，〈預測觀眾的行爲〉，《博物館學季刊》，V2，No.4，1988 年 10 月。
9. 岳美羣譯，〈大英自然史博物館觀眾服務的新作風〉，《博物館學季刊》，V2，No.4，1988 年 10 月。
10.李雲龍譯，〈就「人體生物學」測試展示設計的理論〉，《博物館學季刊》，V3，No.4，1989 年 10 月。

11.左曼熹譯，〈展示概念與設計〉，《博物館學季刊》，V3，No.4，1989 年 10 月。

12.陳媛著，〈成立博物館的條件〉，《故宮文物》，No.91，1990。

13.胡祖武著，〈淺談人性化的工業設計〉，《工業設計》，No.72，1991 年 1 月。

14.黃世輝著，〈產品的語意與認知〉，《工業設計》，No.74，1991 年 7 月。

15.郭美芳著，〈全盤性展示企劃運作模式初探〉，《博物館學季刊》，V4，No.2，1990 年 4 月。

16.豐口協著，黃世輝譯，〈展示計畫實務〉，《博物館學季刊》，V2，No.4，1988 年 10 月。

17.丹尼洛著，張譽騰譯，〈科學博物館教育功能之評量研究〉，《博物館學季刊》，V1，No.2，1987 年 4 月。

18.D. C. Gossing 著，黃世輝譯，〈媒體與使用模式的選擇〉，《博物館學季刊》，V4，No.2，p.51。

19.M. B. Alt & K. M. Shaw 著，高慧芬譯，〈理想的博物館展品特質〉，《博物館學季刊》，V4，No.2，1980 年 4 月。

20.鄧運林著，〈諾爾斯的成人教育學〉（上），《社教雙月刊》，No. 39，1989 年 10 月。

英文文獻

1. R. S. Miles：*The Design of Educational Exhibits*，2 版，Unwin Hyman Ltd，1988。

2. James K. Reive：*The Art of Showing Art*，HCE Publications，1986。

3. Margaret Hall：*On Display——A Design Grammar for Museum Exhibitions*，London，Lund Humphries，1987。

4. Joel N. Bloom：*Museums for a New Century*，Washington，D. C., AAM，1984。

5. Victor J. Danilov：*Science and Technology Centers*，London，MIT，1982。

6. Larry Klein：*Exhibits、Planning and Design*，Madison Square

Press，1986。

7. David Finn：*How to Visit a Museum*，Harry N. Abrams，NY，1985。

8. Alan McPherson & Howard Timms：*The Audio Visual Hand Book*，Watson Guptill，NY，1988。

9. Research and Education Association：*Handbook of Museum Technology*，REA，NY，1982。

日文文獻

1. 勝井三雄等監修，《現代デザイン事典》，平凡社，1986。

2. 森崇著，《ディスプレイ・デザイン——展示計画入門》，ダヴィッド社，1988。

3. 森崇、寺沢勉共著，《ディスプレイ小辞典》，ダヴィッド社，1988年3版。

4. 嘉藤笑子主編，《ディスプレイ・デザイン》・アトリ工出版社，1989。

5. 武藏野美術大學編，《ディスプレイ》，ムサツノ出版，1988。

6. 視覚デザイン研究所編，《ディスプレイ・ノート》，視覚デザイン研究所出版，1990。

7. R. S. Miles 編著，中山邦紀譯，《展示デザインの原理》(*The Design of Educational Exhibits*)，丹青社，1986。

8. 竹内義雄監修，環境計畫研究所著，《ツョップ・サイエンス》，商店建築社，1988。

9. Donald A. Norman 著，野島久雄譯，《誰のためのデザイン？》(*The Psychology of Everyday Thing*)，新曜社，1990，Umberto Eco 著，池上嘉彥譯，《記號論 I・II》(*A Theory of Semiotics*)，岩波，1984。

10. 古賀忠道等監修，博物館學講座 8，《博物館教育と普及》，雄心閣，1979。

11. 古賀忠道等監修，博物館學講座 7，《展示と展示法》，雄心閣，1987。

12. 池上嘉彥著，《記号論への招待》，岩波，1990。

13. 電通プロックス監修，《イベント・展示映像事典》，丹青社，1986。
14. 加藤有次著，《博為館学序論》，雄山閣，14版，1986。
15. 伊藤壽朗＋森田恒之著，《博物館概論》，學苑社，5版，1987。
16. 長谷川榮著，《これからの美術館》，鹿島，2版1，1988。
17. Marjorie F. Vargas 著，石丸正譯，《非言語コミュニケーション》（*Louder Than Words*），新潮社，1989。
18. Bruno Munari 著，小山清男譯，《芸術しレてのデザイン》，（*Arte Come Mestiere*），ダヴィッド社，6版，1990。
19. 諸岡博熊著，《博覧会学事始》，エスエル出版會，2版，1988。
20. 池上嘉彥著，《意味の世界》，日本放送出版協會，15版，1989。
21. 梅棹忠夫編，《博物館と情報》，中央公論社，1983。
22. 諸岡博熊著，《企業博物館時代》，創元社，1989。
23. 八島治久著，*How To Display*，グラフィック社，1988。
24. 佐藤昭年著，《ディスプレイ・ブック》，文化出版局，4版，1989。
25. 福田ひろひで著，《絵でみるディスプレイの基礎》，フットワーク出版，1991。
26. 油井隆著，《展示学》，電通，1986。
27. 新井重三等著，《展示と展示法》，雄山閣，1987。
28. 藤澤英昭著，《デザイン・映像の造形心理》，鳳山社，1978。
29. 古川康一，溝口文雄共編，《メンタル・モデルと知識表現》，共立出版，1989。
30. 市川伸一，伊東裕司編著，《認知心理学を知る》，ブレーン出版，2版，1989年。

後　記

在科技博物館中研討展示規劃時，我們一直擔心的一點是展示設計更新的問題，因爲由設計到製作安裝往往花費數年時間，原先鎖定的資料在展出時已覺老氣，科技的脚步太快，恐怕才開放便又面臨不得不更新內容的困擾。同樣的，編寫這本書也令我們十分惶恐，因爲展示的概念、手法與技術也正飛快進展中，今天整理出來的，恐怕不久便覺過時呢。

然而「展示設計」本身仍然有其較堅定的基底，我們從爲什麼展示，展示資訊的傳遞等處可以抓著其中不變的成分，而展示的手法、程序却是可以日日新變的。

當博物館面臨迪斯耐樂園的競爭時不免有一個矛盾，即是希望博物館像迪斯耐樂園一樣受歡迎，但又希望觀眾不是那麼只想娛樂而不願靜心思考博物館所提供的知識。寫這本書也是一樣的心情，既希望它是容易閱讀的，又害怕它沒有精妙的內容。

倉促之間完成本書，倘有誤謬之處尚祈諸先進不吝指正。

最後，本書之完成要感謝國立科學工藝博物館籌備處周肇基主任屢次派筆者赴美國、日本考察與研修，不僅使視野更開闊，也收集與拍攝了不少展示資料。另外，范成偉學弟幫忙整理幻燈片備極辛苦，一併致謝。

黃世輝

1992.7. 於高雄